豪斯道夫导数模型及其工程应用

陈 文　蔡 伟　梁英杰　等 著

科学出版社

北京

内 容 简 介

复杂介质的力学行为经常表现出"反常"现象,因此不能采用传统的力学模型描述。豪斯道夫导数作为一种新型的建模工具,可以用来模拟复杂介质的流变、扩散等现象。本书主要介绍豪斯道夫导数的建模方法和工程应用。在理论研究方面,本书介绍了豪斯道夫导数的定义及其理论基础,并给出了统计力学解释;在实际应用方面,概述了豪斯道夫导数模型在流体力学、黏弹性力学、振动力学等方面的应用。此外,本书还介绍了求解豪斯道夫导数方程的计算方法和豪斯道夫导数模型的广义形式。本书涵盖了豪斯道夫导数的基本知识、建模方法、统计力学解释、工程应用和数值计算方法。

本书可供从事水文工程、土木工程、交通工程、采矿工程等研究的科技人员参考,亦可作为高等学校工程力学、环境力学、岩土力学等专业的研究生选修课教材或教学参考书。

图书在版编目(CIP)数据

豪斯道夫导数模型及其工程应用/陈文等著. —北京:科学出版社,2019.6
ISBN 978-7-03-061728-6

Ⅰ. ①豪… Ⅱ. ①陈… Ⅲ. ①豪斯道夫空间-应用-模型(建筑)-研究 Ⅳ. ①O189.11 ②TU206

中国版本图书馆 CIP 数据核字(2019)第 122136 号

责任编辑:童安齐 / 责任校对:王万红
责任印制:吕春珉 / 封面设计:东方人华平面设计部

科 学 出 版 社 出版
北京东黄城根北街 16 号
邮政编码:100717
http://www.sciencep.com

三河市骏杰印刷有限公司 印刷
科学出版社发行 各地新华书店经销
*

2019 年 6 月第 一 版　　开本:B5(720×1000)
2019 年 6 月第一次印刷　　印张:7 1/4
字数:130 000

定价:80.00 元
(如有印装质量问题,我社负责调换〈骏杰〉)
销售部电话 010-62136230 编辑部电话 010-62135397-2047

版权所有,侵权必究
举报电话:010-64030229;010-64034315;13501151303

作者简介

陈文（1967年2月—2018年11月），国家杰出青年基金获得者，第十一届和十二届江苏省政协委员，河海大学教授、博士生导师，民主促进会会员。

1988年7月毕业于华中科技大学工程力学专业，获学士学位；1997年2月毕业于上海交通大学，获博士学位；先后在日本信州大学、挪威奥斯陆大学从事博士后研究。曾任职于镇江市华通集团、上海水下工程研究所和北京应用物理与计算机科学研究所，2006年3月起就职于河海大学工程力学系。先后担任河海大学力学学科主任，土木工程学院副院长，力学与材料学院副院长、院长。同时担任中国力学学会环境力学专业委员会副主任、江苏省力学学会副秘书长、国际自动控制联合会线性控制专业委员会委员等学术职务。

毕生致力于计算力学和环境力学、软物质力学行为的建模，以及统计力学、工业设计等领域的科研、教学工作。围绕应用力学建模、计算力学和工程力学研究，主持和承担了30余项各类科研任务，包括国家杰出青年基金1项，国家自然科学基金9项，水利部公益性行业科研专项基金1项，教育部基金1项等；发表SCI索引论文250余篇，SCI论文他人引用达3000余次；授权软件著作权12件、发明专利9项；出版中文专著3部和英文专著1部。2014～2017年连续4年入选中国高被引学者榜。兼任2个SCI源国际期刊的副主编，3个SCI源国际期刊的编委，3个国际期刊的副主编，1个EI源期刊和3个国内核心期刊的编委等。

2012年获江苏省特聘教授（重点资助）、江苏省"333人才工程"中青年科技领军人才、教育部"新世纪优秀人才支持计划"。曾受聘德国洪堡基金会高级研究员、澳大利亚管理人才奖研究员、日本学术振兴会外国人特别研究员。曾获得"南京市十大科技之星"、中国侨界贡献奖（创新人才）、杜庆华工程计算方法奖等人才计划和学术奖励。

自入职河海大学以来，主持首届"教育部来华留学英语授课品牌课程"1门和"江苏高校省级外国留学生英文授课精品课程"1门。培养的博士研究生有4人获得江苏省优秀博士论文奖励，2人获得宝钢特等奖学金，1人入选"中国大学生年度人物"提名；指导的研究生有40余人次到海外进行长、短期学术访问或攻读博士学位。

前　言

随着科学研究的发展，许多"反常"现象无法用传统的非线性模型刻画，而采用分数阶微积分建模时，分数阶导数算子的全局性会消耗大量的计算成本。在此背景下作者提出了豪斯道夫[①]导数建模方法。豪斯道夫导数，也称为局部分数阶导数（或分形导数），与传统的分数阶导数既有联系又有显著不同。豪斯道夫导数能够描述时间历史依赖问题和空间非局部问题，然而其定义是一种局部算子，可以有助于节省计算成本。尽管目前有很多种分形导数的定义，豪斯道夫导数无疑是一种数学形式简单且易于数值计算的建模方法。

由于时空分数阶导数扩散方程的局限性，陈文引入尺度变换的概念重新度量时空，并于 2006 年首次提出了豪斯道夫导数的概念，同时建立了豪斯道夫导数扩散方程。经过数年的研究，豪斯道夫导数的理论体系和应用研究已经发展较为完善。本书比较了豪斯道夫微积分和分数阶微积分的区别与联系；给出了豪斯道夫导数的定义和统计力学解释，并讨论了其在流体力学、黏弹性力学、振动力学与声波耗散等方面的工程应用及数值算法；给出了豪斯道夫导数的一般形式，即结构导数。豪斯道夫扩散方程描述空间上的伸展高斯分布及时间上的伸展指数松弛，其基本解与非欧几里得距离的概念紧密联系；豪斯道夫黏弹性理论较好地解释了复杂流变行为为时间尺度变换的概念和伸展指数松弛分布。

本书的内容主要源自陈文及其课题组近几年关于豪斯道夫导数的研究成果，旨在为相关研究领域的学者提供必要的理论基础，并阐明研究现状、潜在的研究问题和方向。为了保证体系的完整性，书中部分章节也介绍了其他研究学者的相关成果。本书拟阐述到近期为止与豪斯道夫导数相关的研究工作，但仍不可避免地出现遗漏和不足之处，对此深表歉意。

陈文基于已有的研究基础，撰写了全书的大纲，并统筹安排了全书的撰写工作。本书由陈文、蔡伟和梁英杰主持撰写，其中陈文和蔡伟负责撰写第一章，蔡伟和梁英杰负责撰写第二章，杨旭和蔡伟负责撰写第三章，蔡伟和苏祥龙负责撰写第四章，陈文和蔡伟负责撰写第五章，梁英杰和徐伟负责撰写第六章，陈文和王发杰负责撰写第七章，梁英杰、徐伟和杨旭负责撰写第八章。苏祥龙和徐伟负

[①] 豪斯道夫（Felix Hausdorff），1868 年出生于华沙。他是拓扑学的开创者，在集合论和泛函分析领域做出了杰出的贡献。

责全书的修改和排版工作。

本书的部分研究工作得到国家自然科学基金面上项目（项目编号：11702083，11702084，11702085）和中央高校基本科研业务费项目（项目编号：2017B03114，2018B687X14）的支持，特此致谢。

由于作者水平和经验有限，书中难免存在不足，恳请各位同仁批评指正。

作　者

2018 年 9 月

于南京

目　　录

第一章　概论 ·· 1
  1.1　分形导数的发展历史 ··· 1
  1.2　几种分形导数的定义 ··· 2
  1.3　豪斯道夫导数的科学与工程应用 ·· 4
  参考文献 ··· 5

第二章　豪斯道夫导数的定义 ·· 8
  2.1　分形变换 ·· 8
  2.2　豪斯道夫导数的定义 ··· 8
  2.3　豪斯道夫导数与一阶导数之间的关系 ···································· 10
  2.4　豪斯道夫导数的统计力学解释 ·· 12
  参考文献 ··· 13

第三章　豪斯道夫导数流体力学模型 ·· 15
  3.1　豪斯道夫导数圆管输运问题 ·· 15
  3.2　豪斯道夫导数 Richards 方程及应用 ···································· 19
      3.2.1　豪斯道夫导数 Richards 方程 ····································· 19
      3.2.2　土壤入渗率 ·· 20
      3.2.3　数值算例 ··· 21
  3.3　磁共振成像 ··· 23
      3.3.1　豪斯道夫导数扩散方程 ··· 23
      3.3.2　磁共振成像的豪斯道夫导数模型 ································· 23
      3.3.3　数值算例 ··· 24
  参考文献 ··· 27

第四章　豪斯道夫导数黏弹性力学模型 ······································· 30
  4.1　黏弹性材料流变行为的幂律依赖现象 ·································· 30
      4.1.1　松弛试验的幂律依赖现象 ·· 30
      4.1.2　蠕变试验的幂律依赖现象 ·· 32
      4.1.3　修正的 Zener 模型 ·· 33

4.2 分形黏壶 ... 35
    4.2.1 分形黏壶与 Abel 黏壶 ... 35
    4.2.2 分形黏壶的蠕变与松弛 ... 37
    4.2.3 分形黏壶的动荷载响应 ... 38
4.3 豪斯道夫导数黏弹性模型 ... 41
    4.3.1 豪斯道夫导数黏弹性本构模型 ... 41
    4.3.2 试验数据拟合与尺度效应猜想 ... 43
参考文献 ... 47

第五章 豪斯道夫导数阻尼振动和耗散声波模型 ... 49

5.1 豪斯道夫导数振动模型 ... 49
    5.1.1 经典阻尼振动模型 ... 49
    5.1.2 豪斯道夫导数阻尼振动模型 ... 49
    5.1.3 豪斯道夫导数 Duffing 振子模型 ... 52
5.2 豪斯道夫导数耗散声波模型 ... 58
    5.2.1 豪斯道夫导数耗散声波方程 ... 58
    5.2.2 数值算例 ... 59
    5.2.3 豪斯道夫声波模型的医学超声成像应用 ... 60
参考文献 ... 65

第六章 豪斯道夫导数的统计描述和熵 ... 67

6.1 豪斯道夫衰减模型 ... 67
    6.1.1 衰减模型 ... 67
    6.1.2 谱熵 ... 69
6.2 伸展高斯分布模型 ... 71
    6.2.1 伸展高斯分布 ... 71
    6.2.2 统计分布的熵 ... 72
参考文献 ... 72

第七章 隐式微积分算子及豪斯道夫导数拉普拉斯算子 ... 74

7.1 整数阶微分方程基本解 ... 74
7.2 分形微分算子基本解 ... 75
7.3 隐式微积分建模 ... 76
    7.3.1 分形拉普拉斯势问题模拟 ... 76
    7.3.2 数值算例 ... 77
    7.3.3 问题与讨论 ... 78

7.4 豪斯道夫导数拉普拉斯算子 ··· 79
　　7.4.1 豪斯道夫分形距离 ·· 79
　　7.4.2 豪斯道夫导数拉普拉斯方程及其基本解 ·· 80
　　7.4.3 豪斯道夫导数位势问题的数值模拟 ··· 81
　　7.4.4 数值算例 ·· 85
　　7.4.5 小结 ··· 91
参考文献 ··· 91

第八章　结构导数 ··· 93

8.1 结构形与结构导数 ··· 93
　　8.1.1 结构形 ··· 93
　　8.1.2 时间结构导数 ··· 94
　　8.1.3 空间结构导数 ··· 95

8.2 结构导数建模 ··· 96
　　8.2.1 时间结构导数建模 ·· 96
　　8.2.2 空间结构导数建模 ·· 98

8.3 特慢扩散与蠕变 ··· 100
　　8.3.1 特慢扩散 ··· 100
　　8.3.2 特慢蠕变 ··· 101

参考文献 ··· 104

第一章 概 论

1.1 分形导数的发展历史

传统的科学研究和工程设计是以欧几里得几何为基础的,即假设研究对象的空间几何性质是整数维的。但是,自然界中物体的几何结构大多具有不规则的形状且不连续,比如多孔的材料、复杂的植物形态、粗糙的断裂表面等。随着认识水平的不断提高,尤其是大量的新理论、新技术及新研究领域的不断涌现,人们很难再用欧几里得几何来描述这些复杂的研究对象,欧几里得几何的局限性促使人们寻找一个更好的几何描述工具。

自从美国数学家 Mandelbrot 引入分形的概念描述"英国海岸线有多长"的问题以来,分形理论就成为一个研究分形几何特征的重要工具,其自身也发展成为一门新兴的科学分支[1,2]。目前,分形理论已经广泛应用于物理学、材料科学、地质科学、生命科学等众多领域,比如用于湍流的模拟、材料表面的模拟、海岸线轮廓的分析及大脑皮层面积的计算等。研究学者发现,对于分形介质而言,其物理量之间呈现出幂律依赖的现象。例如,分形介质的面积与长度之间的关系可以表示[3]为

$$S = L^D \tag{1.1}$$

式中,L 为以长方形盒子测量分形岛的纵横尺寸的最大值;S 为分形岛的面积;D 为分形维数。又如,分形介质的质量满足如下幂律关系[4]:

$$M(R) = kR^D \quad D < 3 \tag{1.2}$$

式中,M 为分形介质的质量;R 为立方体边长或者球半径。

分形方法是描述不规则几何结构的一个强有力的数学工具,但是分形描述还不能满足许多工程和科学研究的精细定量要求,因此分形研究至今仍停留在理论层次,并未在实际工程中得到广泛应用。要精确地描述和解决力学和物理问题必需采用微积分方法进行定量描述。经典力学和物理理论成立的前提就是连续整数维数的假设,并用传统的微积分做相应的定量描述。当对象为不连续的分形介质时,经典理论便不再成立,如何对非连续性介质进行精细地分析和描述,成为现阶段科学研究的一个难题。

经典的牛顿力学理论是基于时间和空间均处处连续的,因此基本的物理量(如速度、加速度等)由整数阶微分算子来定义。随着科学研究的发展,众多科学家发现越来越多的现象无法用传统的力学理论进行解释,如反常扩散(anomalous diffusion）现象中粒子的均方位移与时间的幂律依赖关系[5,6]；黏弹性材料的非德拜（non-Debye）型应力松弛现象[7]等。因此，需要发展新型的建模方法解决此类问题。

分数阶微积分作为一种新的数学力学方法，近年来受到广泛的关注，并且在"反常"现象尤其是幂律依赖现象方面取得了显著的成果[8,9]。分数阶微积分的历史最早可以追溯到 300 多年前 Leibniz 和 L'Hospital 的信件往来中，随后经过 Euler、Abel、Liouville、Caputo 等数学家和物理学家的研究而发展成熟。分数阶微积分方法能够描述非连续性介质的历史依赖特性和空间非局部性，目前该方法已在反常扩散[6]、复杂黏弹性材料的力学行为[10]、幂律依赖的声波衰减现象[11]、振动和系统控制[12]，以及生物医学[13]等方面有着广泛的应用。

值得注意的是，分数阶导数算子的定义中包含卷积积分，是一个全局算子。数学家发展了许多数值方法用以求解由分数导数算子构成的微分方程，如差分法、有限元法和谱方法等。计算结果表明，在求解分数阶导数微分方程时需要消耗大量的存储空间和时间成本，尤其是在计算区域大或时间历程长的情况下[14,15]。

为了既能够刻画时间依赖性和空间非局部性，又可以减少计算成本，分形导数（fractal derivative）也称为局部分数阶导数（local fractional derivative）应运而生。在分形导数的发展历史中，一些学者从不同的角度发展了分形导数的定义。这些定义虽然在某些方面具有其独特的优势，但是并没有一个统一的形式。本书将主要介绍豪斯道夫分形导数的理论基础及其实际应用。

1.2　几种分形导数的定义

目前分形导数的定义有许多种，每种定义的表达式和性质各不相同。下面将介绍几种比较常见的分形导数的定义。

Jumarie[16,17]基于传统布朗运动的表达式，将其推广到一般分数次阶数，进而提出了一种分数阶差分形式，其表达式为

$$f^{(\alpha)}(x) = \lim_{x \to 0} \frac{\Delta^{\alpha}[f(x) - f(x_0)]}{(x - x_0)^{\alpha}} \quad (1.3)$$

式中，$\Delta^{\alpha}[f(x) - f(x_0)] \cong \Gamma(1+\alpha)\Delta[f(x) - f(x_0)]$。Yang[18,19]从数学上对这种定义做了详细讨论（如傅里叶变换等），并将其应用于不同的数学问题中。其他学者也提出了一些与式（1.3）类似的定义，如 Kolwankar 和 Gangal[20,21]提出的定义

$$D^q f(y) = \lim_{x \to y} \frac{d^q[f(x) - f(y)]}{d(x-y)^q} \quad (1.4)$$

Ben Adda 和 Cresson[22]提出的局部分数阶导数的定义也有相似的形式

$$d_\sigma^\alpha f(x) = \Gamma(1+\alpha) \lim_{y \to x^\sigma} \frac{\sigma[f(y)-f(x)]}{|y-x|^\alpha} \quad (1.5)$$

Li 和 Ostoja-Starzewski[23]根据分形介质中物体的质量、坐标与长度之间的关系，提出了一种分形导数的定义

$$\nabla_k^D = \frac{1}{c_1^{(k)}} \frac{\partial}{\partial x_k}(\cdot) \quad (1.6)$$

式中，D 为分形维数，与整数阶导数类似，且不需要对 k 进行累加。根据分形距离的映射，$dl_D = c_1 dx;\ dS_D = c_2 dS;\ dV_D = c_3 dV$，式（1.6）可以写为

$$\nabla_k^D = \frac{\partial}{\partial l_D^k}(\cdot) \quad (1.7)$$

式中，$\dfrac{1}{c} = \lambda |\boldsymbol{R}|^{3-D}$，$\lambda = \dfrac{\Gamma\left(\dfrac{3}{2}\right)}{2^{D-3}\Gamma\left(\dfrac{D}{2}\right)}$，$\boldsymbol{R}$ 为位置向量。

Parvate 和 Gangal[24]在其研究中指出，如果 F 是一个 α 完备集，则函数 f 的 F^α 导数定义为

$$D_F^\alpha[f(x)] = \begin{cases} \lim\limits_{y \to x} \dfrac{f(y)-f(x)}{S_F^\alpha(y)-S_F^\alpha(x)} & \text{如果 } x \in F \\ 0 & \text{如果 } x \notin F \end{cases} \quad (1.8)$$

式中，$S_F^\alpha(x)$ 是一个阶梯函数，即

$$S_F^\alpha(x) = \begin{cases} \gamma^\alpha(F, a_0, x) & \text{如果 } x \geqslant a_0 \\ -\gamma^\alpha(F, x, a_0) & \text{如果 } x < a_0 \end{cases} \quad (1.9)$$

$$\gamma^\alpha(F, a, b) = \lim_{\delta \to 0} \inf_{\{P_{[a,b]}|P|<\delta\}} \sum_{i=0}^{n-1} \frac{(x_{i+1}-x_i)^\alpha}{\Gamma(\alpha+1)} \theta(F, [x_i, x_{i+1}]) \quad (1.10)$$

随后，Golmankhaneh 和 Baleanu[25]对该定义进行了修正。

近期研究比较多的是由 Khalil 等[26]提出的充裕导数（comfortable derivative），其定义为

$$f^{(\alpha)}(t) = \lim_{\varepsilon \to 0} \frac{f(t+\varepsilon t^{1-\alpha})-f(t)}{\varepsilon} \quad (1.11)$$

为了完善定义式（1.11）的不足，Katugampola[27]提出了一种新的局部分数阶导数定义

$$f^{(\alpha)}(t) = \lim_{\varepsilon \to 0} \frac{f(te^{\varepsilon t^{-\alpha}})-f(t)}{\varepsilon} \quad (1.12)$$

较之于式（1.11），该定义具有分数阶导数定义无法满足的一些经典性质。

Chen[28]从反常扩散中均方位移的幂律现象出发，提出了一种能够表征尺度变换的豪斯道夫导数模型，即

$$\frac{\mathrm{d}u(x)}{\mathrm{d}x^p} = \lim_{x_1 \to x} \frac{u(x_1) - u(x)}{x_1^p - x^p}$$
$$\frac{\mathrm{d}u(t)}{\mathrm{d}t^q} = \lim_{t_1 \to t} \frac{u(t_1) - u(t)}{t_1^q - t^q} \tag{1.13}$$

式中，p 和 q 分别为空间和时间上的分形维数。需要指出的是，豪斯道夫导数有一种变形形式，以空间豪斯道夫导数为例，即

$$\frac{\mathrm{d}u(x)}{\mathrm{d}x^p} = \frac{\mathrm{d}u(x)}{\mathrm{d}x} \frac{\mathrm{d}x}{\mathrm{d}x^p} = \frac{1}{px^{p-1}} \frac{\mathrm{d}u(x)}{\mathrm{d}x} \tag{1.14}$$

该变形形式与 Tarasov[29]提出的导数形式类似，区别在于式（1.14）对位置参数 x 未加绝对值。式（1.14）也可与分形介质中的连续流体模型联系在一起[30,31]。

He[32]在豪斯道夫导数定义（1.13）的基础上，根据分形介质的几何特性，提出了一种分形导数为

$$\frac{\mathrm{d}u}{\mathrm{d}s} = \lim_{\Delta x \to L_0} \frac{u(A) - u(B)}{kL_0^\alpha} \tag{1.15}$$

式中，k 为常数；α 为分形维数；不连续空间中两点的距离表示为 $\mathrm{d}s = kL_0^\alpha$。需要注意的是，在定义中 Δx 不趋向于 0，而是趋向于两点之间的最短距离 L_0。

Borges[33]也提出了一种变形的分形导数定义，其具体表达式为

$$D_q f(x) = \lim_{y \to x} \frac{f(x) - f(y)}{x \Theta_q y} = [1 + (1-q)x] \frac{\mathrm{d}f(x)}{\mathrm{d}x} \tag{1.16}$$

式中，Θ_q 为一种变形算子，其定义可写为 $x \Theta_q y = \frac{x - y}{1 + (1-q)y} \left(y \neq \frac{1}{q-1} \right)$。

上述几种定义的表达式虽然不同，但其核心形式都是传统一阶导数的变形体。研究表明[34]，Jumarie、Borges 和 Khalil 等提出的导数与豪斯道夫导数本质上具有一致性。尽管目前有很多种分形导数的定义，豪斯道夫导数无疑是一种数学形式简单且易于数值计算的建模方法。

1.3 豪斯道夫导数的科学与工程应用

近年来，一些"反常"的物理现象引起了广泛的关注，这些复杂现象的共同特点是具有幂律特征。传统的整数阶模型，如非线性模型，无法较好地刻画此类幂律现象，而传统的分数阶导数模型，虽然能够刻画此类现象，但是其本身是一个全局算子，模型求解过程中需要消耗大量的计算成本。因此，豪斯道夫导数模

型作为一个可供选择的建模方式,既能够描述空间非局部行为,也可以刻画时间历史依赖或记忆过程,且作为局部算子可以节省计算成本,因此豪斯道夫导数模型正逐渐引起研究者的广泛关注。

目前豪斯道夫分形导数已成功用于水利学、黏弹性材料、非牛顿流体、核磁共振、反常扩散、经济学等问题[35-38],涌现出了一系列豪斯道夫导数模型,如豪斯道夫导数流变模型[39]和豪斯道夫导数扩散模型[40]等。

1. 复杂黏弹性材料的力学行为建模

黏弹性材料的力学性质与弹性材料的力学性质有本质的区别,其蠕变、松弛、长期强度效应等都是工程人员关注的问题,因为这方面的研究对实际工程的安全性和稳定性具有重要意义。目前,一方面伸展指数松弛现象已经在实际工程中被广泛检测到;另一方面复杂黏弹性材料的蠕变行为难以用简单的黏弹性模型(如麦克斯韦模型和 Kelvin-Voigt 模型等)描述,而采用多元件黏弹性模型势必会引入更多的模型参数,导致模型结构复杂、参数众多、拟合效果差等问题。豪斯道夫导数模型能够很好地解决上述问题,其详细阐述见第四章。

2. 反常扩散问题的建模

许多环境力学的研究领域中涉及反常扩散问题,如河床底部的泥沙扩散、污染物在地层中的迁移问题等。这些扩散现象往往表现出"反常"的幂律依赖现象,即粒子迁移的均方位移与时间的幂函数成正比。传统的扩散方程无法描述此种现象,而分数阶反常扩散模型因其包含分数阶导数算子而具有计算量大的缺点。豪斯道夫导数模型为描述此类反常扩散问题提供了一种合适的数学工具,详细内容见第三章。

3. 分形多孔介质中的连续流体模型

分形多孔介质中存在大量的孔隙,欧几里得几何不适用于描述此类介质中流体的建模。目前,比较常用的方法之一就是借助于分形理论中分形维度的概念刻画分形介质。研究表明,豪斯道夫导数也适用于研究描述分形多孔介质中的连续流体模型,详细内容见文献[31]。

参 考 文 献

[1] MANDELBROT B B. The fractal geometry of nature[M]. New York: W. H. Freman, 1982.

[2] 张济忠. 分形[M]. 北京:清华大学出版社,1995.

[3] 葛世荣,朱华. 摩擦学的分形[M]. 北京:机械工业出版社,1995.

[4] TARASOV V E. Fractional hydrodynamic equation for fractal media[J]. Annals of Physics, 2005, 318(2):286-307.

[5] 包景东. 分数布朗运动和反常扩散[J]. 物理学进展, 2005, 5(4): 259-367.

[6] ZHANG Y, BENSON D A, MEERSCHAERT M M, et al. On using random walks to solve the space-fractional advenction-dispersion equations[J]. Journal of Statistical Physics, 2006, 123(1):89-100.

[7] LUKICHEV A A. Relaxation function for the non-Debye relaxation spectra description[J]. Chemical Physics, 2014, 428: 29-33.

[8] PODLUBNY I. Fractional differential equations[M]. San Diego: Academic Press, 1999.

[9] KILBAS A A, SRIVASTAVA H M, TRUJILLO J J. Theory and applications of fractional differential equations[M]. Amsterdam: Elsevier, 2006.

[10] 潘文潇, 谭文长. 广义 Maxwell 黏弹性流体在两平板间的非定常流动[J]. 力学与实践, 2003, 25(1): 19-22.

[11] SZABO T L, WU J. A model for longitudinal and shear wave propagation in viscoelastic media[J]. The Journal of Acoustic Society of America, 2003, 114(5):2437-2446.

[12] CHEN Y Q, MOORE K L. Discretization schemes for fractional-order differentiators and integrators[J]. IEEE Transactions on Circuits and System I: Fundamental Theory and Applications, 2002, 49(3):363-367.

[13] MAGIN R L. Fractional calculus in bioengineering[M]. Redding: Begell House, 2006.

[14] TREEBY B E, COX B. Modeling power law absorption and dispersion in viscoelastic solids using a split-field and the fractional Laplacian[J]. The Journal of the Acoustical Society of America, 2014, 136(4): 1499-1510.

[15] ZHU, T, HARRIS J M. Modeling acoustic wave propagation in heterogeneous attenuating media using decoupled fractional Laplacians[J]. Geophysics, 2014, 79(3): T105-T116.

[16] JUMARIE G. Table of some basic fractional calculus formulae derived from a modified Riemann-Liouville derivative for non-differentiable functions[J]. Applied Mathematics Letters, 2009, 22(3): 378-385.

[17] JUMARIE G. On the representation of fractional Brownian motion as an integral with respect to $(dt)^a$ [J]. Applied Mathematics Letters, 2005, 18(7):739-748.

[18] YANG X J. Advanced local fractional calculus and its applications[M]. New York: World Science Publisher, 2012.

[19] YANG X J. Local fractional functional analysis and its applications[M]. Hong Kong: Asian Academic Publisher Limited, 2011.

[20] KOLWANKAR K M, GANGAL A D. Fractional differentiability of nowhere differentiable functions and dimensions[J]. Chaos, 1996, 6(4): 505-513.

[21] KOLWANKAR K M, GANGAL, A D. Local fractional fokker-planck equation[J]. Physical Review Letters, 1998, 80(2): 214-217.

[22] BEN ADDA F, CRESSON J. About non-differentiable functions[J]. Journal of Mathematical Analysis and Applications. 2001, 263(2): 721-737.

[23] LI J, OSTOJA-STARZEWSKI M. Fractal solids, product measures and fractional wave equations[J]. Proceedings Mathematical Physical and Engineering Sciences, 2009, 465(2108): 2521-2536.

[24] PARVATE A, GANGAL A D. Calculus on fractal subscts of rcal linc-I: Formulation[J]. Fractals. 2009, 17(1): 53-81.

[25] GOLMANKHANEH A K, BALEANU D. Fractal calculus involving gauge function[J]. Communications in Nonlinear Science and Numerical Simulation. 2016, 37: 125-130.

[26] KHALIL R, AL HORANI M, YOUSEF A, et al. A new definition of fractional derivative[J]. Journal of Computational and Applied Mathematics. 2014, 264: 65-70.

[27] KATUGAMPOLA U N. A New fractional derivative with classical properties[J]. arXiv Preprint arXiv:1410.6535, 2014.

[28] CHEN W. Time-space fabric underlying anomalous diffusion[J]. Chaos, Solitons and Fractals, 2006,28(4): 923-929.

[29] TARASOV V E. Anisotropic fractal media by vector calculus in non-integer dimensional space[J]. Journal of Mathematical Physics, 2014, 55(8): 083510.

[30] BALANKIN A S, ELIZARRARAZ B E. Hydrodynamics of fractal continuum flow[J]. Physical Review E, 2012, 85(2): 025302.

[31] BALANKIN A S, ELIZARRARAZ B E. Map of fluid flow in fractal porous medium into fractal continuum flow[J]. Physical Review E, 2012, 85(5): 056314.

[32] HE J H. A new fractal derivation[J]. Thermal Science, 2011, 15(suppl. 1): 145-147.

[33] BORGES E P. A possible deformed algebra and calculus inspired in nonextensive thermostatistics[J]. Physica A: Statistical Mechanics and its Applications, 2004, 340(1-3): 95-101.

[34] WEBERSZPIL J, LAZO M J, HELAYËL-NETO J A. On a connection between a class of q-deformed algebras and the Hausdorff derivative in a medium with fractal metric[J]. Physica A: Statistical Mechanics and its Applications, 2015, 436: 399-404.

[35] SUN H, MEERSCHAERT M M, ZHANG Y, et al. A fractal Richards' equation to capture the non-Boltzmann scaling of water transport in unsaturated media[J]. Advances in Water Resources, 2013, 52(4): 292-295.

[36] CAI W, CHEN W, XU W. Characterizing the creep of viscoelastic materials by fractal derivative models[J]. International Journal of Non-Linear Mechanics, 2016, 87: 58-63.

[37] 苏祥龙, 许文祥, 陈文. 基于分形导数对非牛顿流体层流的数值研究[J]. 力学学报, 2017, 49(5): 1020-1028.

[38] LIN G. An effective phase shift diffusion equation method for analysis of PFG normal and fractional diffusions[J]. Journal of Magnetic Resonance, 2015, 259: 232-240.

[39] CAI W, CHEN W. Application of scaling transformation to characterizing complex rheological behaviors and fractal derivative modeling[J]. Rheologica Acta, 2018, 57(1): 43-50.

[40] LIANG Y, ALLEN Q Y, CHEN W, et al. A fractal derivative model for the characterization of anomalous diffusion in magnetic resonance imaging[J]. Communications in Nonlinear Science and Numerical Simulation, 2016, 39:529-537.

第二章 豪斯道夫导数的定义

2.1 分形变换

扩散现象描述的是粒子随机迁移的过程，其特征可以由粒子的均方位移表征

$$\langle \Delta x^2 \rangle \propto \Delta t^\eta \tag{2.1}$$

式中，Δx 为距离；Δt 为时间间隔；$\langle \rangle$ 为随机变量的平均值；η 为一个正的实常数，当 $\eta=1$ 时上式表示的是正常扩散，当 $\eta \neq 1$ 时表示的是反常扩散。研究表明，由时间分数阶导数和分数阶导数拉普拉斯算子构成的扩散方程能够描述反常扩散现象[1-3]，如

$$\frac{\partial^\alpha s}{\partial t^\alpha} + \gamma(-\nabla^2)^\beta s = 0 \quad 0 < \alpha, \ \beta < 1 \tag{2.2}$$

式中，s 为相关物理量（如热扩散中的温度）；γ 为对应的扩散系数；$(-\nabla^2)^\beta$ 为分数阶拉普拉斯算子；α、β 为实常数。当 $\beta < 1$ 时，上式表征的均方位移是发散的。为了解决上述难题，陈文[4]引入尺度变换的概念重新度量时空为

$$\begin{cases} \Delta \hat{x} = \Delta x^\beta \\ \Delta \hat{t} = \Delta t^\alpha \end{cases} \quad 0 < \alpha, \ \beta < 1 \tag{2.3}$$

上述尺度变换与经典的豪斯道夫时空维度的定义一致。采用此种变换，在新的时空尺度下，反常扩散的均方位移可以转化为正常扩散的形式为

$$\langle \Delta \hat{x}^2 \rangle \propto \Delta \hat{t} \tag{2.4}$$

式（2.3）所示的变换主要基于以下两个分形尺度下的假设：①在任意分形尺度下，物理定律的形式保持不变；②在反常物理过程中，反常环境对物理过程的影响等价于分形尺度转换所产生的影响[4]。基于这两个假设，可以利用豪斯道夫导数描述分形尺度下的力学过程。

2.2 豪斯道夫导数的定义

基于变换式（2.3），Chen[4]提出了一种可供选择的建模方法——豪斯道夫导数，其定义为

$$\begin{cases} \dfrac{\mathrm{d}u}{\mathrm{d}t^\alpha} = \lim_{t' \to t} \dfrac{u(t) - u(t')}{t^\alpha - t'^\alpha} \\ \dfrac{\mathrm{d}u}{\mathrm{d}x^\beta} = \lim_{x' \to x} \dfrac{u(x) - u(x')}{x^\beta - x'^\beta} \end{cases} \quad (2.5)$$

式中，α、β 分别为时间和空间上的豪斯道夫导数的阶数。从定义式可以看出，当导数的阶数取为 1 时，豪斯道夫导数可以退化为经典的导数；与分数阶导数算子比较而言，豪斯道夫导数定义式中没有卷积积分，是一个局部算子，有助于节省运算成本。

为了不失一般性，我们考虑一个颗粒等速沿一维曲线按分形时间的运动[5]。运动距离与时间的关系为

$$l(\tau) = v(\tau - t_0)^\alpha \quad (2.6)$$

式中，l 为距离；v 为均匀速度；τ 为当前时刻；t_0 为初始时刻；α 为时间分形维。如果速度不均匀，我们有相应的豪斯道夫积分表达，即

$$l(t) = \int_{t_0}^{t} v(\tau) \mathrm{d}(\tau - t_0)^\alpha \quad (2.7)$$

由上式可得时间豪斯道夫导数的一般表达式为

$$\frac{\mathrm{d}l}{\mathrm{d}t^\alpha} = \lim_{t' \to t} \frac{l(t) - l(t')}{(t - t_0)^\alpha - (t' - t_0)^\alpha} \quad (2.8)$$

比较式（2.5）中的第一式和式（2.8）两个豪斯道夫导数定义，两者之间的差别就是后者包含了初始时刻，前者假设初始时刻为零，因而后者是更加一般的表达。

式（2.6）所表示的颗粒运动在 τ 时刻的位置也可由下式计算为

$$l(\tau) = v(t - t_0)^\alpha - v(t - \tau)^\alpha \quad (2.9)$$

式中，t 为终点时刻，上式右边第一项是颗粒总的运动距离，第二项代表从 τ 时刻到终点时刻 t 要运动的距离。如果不是等速运动，对式（2.9）做 τ 变量的一阶微分运算，可得

$$\mathrm{d}l = -v\mathrm{d}(t - \tau)^\alpha \quad (2.10)$$

式（2.10）相应的积分表达为

$$l(t) = \int_{t_0}^{t} -v(\tau) \mathrm{d}(t - \tau)^\alpha \quad (2.11)$$

经典的 Riemann-Liouville 分数阶积分表达式[6,7]为

$$S(t) = \frac{1}{\Gamma(\alpha)} \int_{t_0}^{t} \frac{v(\tau)}{(t - \tau)^{1-\alpha}} \mathrm{d}\tau = \frac{1}{\alpha \Gamma(\alpha)} \int_{t_0}^{t} -v(\tau) \mathrm{d}(t - \tau)^\alpha \quad (2.12)$$

式中，Γ 为伽马函数，是一个归一化常数。不考虑式（2.12）积分号前面的归一化常数，可以发现式（2.12）和式（2.11）是完全等价的。

根据以上分析，我们注意到豪斯道夫微积分和分数阶微积分与分形维数有内在的定量本质联系，即时间豪斯道夫微积分和分数阶微积分的阶数就是研究对象的时间分形维数 α。类似地，空间豪斯道夫微积分与分形的内在联系可用相同方法分析。

2.3 豪斯道夫导数与一阶导数之间的关系

为了后续计算方便，本节以时间豪斯道夫导数为例，讨论豪斯道夫导数与一阶导数之间的关系。根据链式法则豪斯道夫导数[8]可记为

$$\frac{\mathrm{d}f(t)}{\mathrm{d}t^\alpha} = \frac{\mathrm{d}f(t)}{\mathrm{d}t}\frac{\mathrm{d}t}{\mathrm{d}t^\alpha} = \frac{1}{\alpha \cdot t^{\alpha-1}}\frac{\mathrm{d}f(t)}{\mathrm{d}t} \quad \alpha > 0 \tag{2.13}$$

本节将从数值上验证式（2.13）与定义式的统一性，即通过选取已知函数比较两者的数值结果。

算例 2.1 设有一维函数 $f(t) = t^3$，根据式（2.13）可知其豪斯道夫导数为

$$\frac{\mathrm{d}f(t)}{\mathrm{d}t^\alpha} = \frac{3t^2}{\alpha \cdot t^{\alpha-1}} \quad \alpha > 0$$

将由上式和定义式计算得到的 $f(t)$ 与 t 的关系绘于图 2.1 中，实线表示由上式计算得到的结果，符号表示由定义式计算得到的结果。从图 2.1 可以看出两者计算结果完全一致。

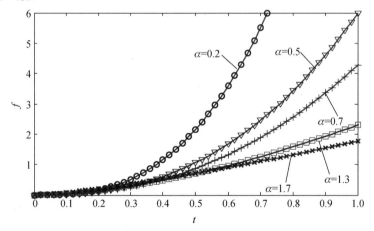

图 2.1 在不同豪斯道夫导数阶数下，豪斯道夫导数定义式与式（2.13）的结果对比图①

算例 2.2 设有二维函数 $f(x,t) = xt$，根据式（2.13）可知，其分形导数为

$$\frac{\partial f(x,t)}{\partial t^\alpha \partial x^\beta} = \frac{1}{\alpha \cdot t^{\alpha-1} \cdot \beta \cdot x^{\beta-1}} \quad \alpha > 0, \ \beta > 0$$

将由式（2.13）和定义式计算结果的差值绘于图 2.2～图 2.4 中。由图中的计算结果可以看出，豪斯道夫导数定义式与式（2.13）是一致的，但是由于豪斯道夫导数是一个极限的概念，在自变量趋向于 0 的位置会出现偏差，偏差出现的区域大小与选择的步长有关。

---

① 图中纵、横坐标无计量单位的均为无量纲，下同。

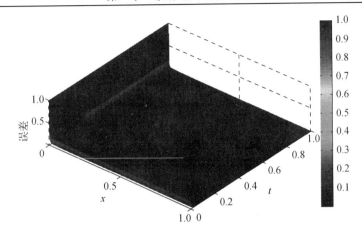

图 2.2　$\alpha=0.5$、$\beta=0.5$ 时，豪斯道夫导数定义式与式（2.13）的结果对比图

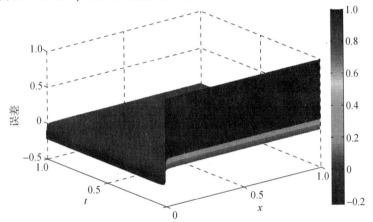

图 2.3　$\alpha=0.5$、$\beta=1.5$ 时，豪斯道夫导数定义式与式（2.13）的结果对比图

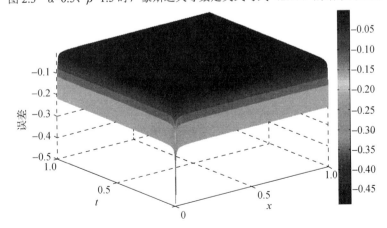

图 2.4　$\alpha=1.5$、$\beta=1.5$ 时，豪斯道夫导数定义式与式（2.13）的结果对比图

更多的数值结果显示，以上关系的成立，不仅仅是在 $0<\alpha<2$ 的范围内成立，在 $\alpha<0$ 和 $\alpha>2$ 的范围内也成立，即式（2.13）成立的范围为 $\alpha\neq0$，因为 $\alpha=0$ 时，豪斯道夫导数的定义是无意义的。

2.4 豪斯道夫导数的统计力学解释

由定义式可知豪斯道夫导数是一个局部算子，分数阶导数是非局部算子。虽然两者都可以描述分形过程，但对应的统计描述是完全不一样的。

从几何角度分析[5]，豪斯道夫导数模型的几何基础是非欧几里得的豪斯道夫分形距离，而分数阶导数模型的几何基础仍然为欧几里得距离。从统计角度分析，豪斯道夫导数模型和分数阶导数模型都可以用于描述分形过程，但对应的统计过程是完全不一样的，并且两者的统计力学背景也完全不同。豪斯道夫导数扩散方程可以描述复杂介质中反常扩散现象，反常扩散也称为非高斯扩散、非菲克扩散。基于豪斯道夫导数扩散模型，能够直接推导出目前广泛使用的伸展高斯分布[4]和伸展指数衰减（stretched exponential decay），后者也被称为非德拜衰减[9]、伸展松弛[10]（stretched relaxation）、Kohlrausch-Williams-Watts（K-W-W）伸展指数松弛[11]，统计力学基础非常清晰，而且与分数阶导数的列维分布[12,13]和 Mittag-Leffler（M-L）函数[14]衰减的统计背景完全不同。由图 2.5 可见，经典的整数阶扩散模型对应的指数衰减最快，被认为没有记忆和历史依赖性，分数阶导数对应的 M-L 函数衰减最慢，豪斯道夫导数模型对应的伸展指数松弛衰减介于两者之间。同时，结合统计力学中熵理论，基于豪斯道夫导数扩散模型，推导豪斯道夫导数模型的频率谱熵[15]，结合模型参数表征介质结构的特征，用于区分不同介质的结构[16]。

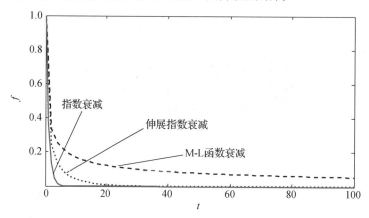

图 2.5　指数衰减 e^{-t}、伸展指数衰减 e^{-t^α} 与 M-L 函数衰减的比较

（其中时间分形维 $\alpha=0.5$）

图 2.6 给出了不同初始时刻设置对豪斯道夫时间导数扩散模型的伸展指数衰减

的影响[4],初始时刻的值愈大,衰减得越慢。此外,从图 2.6 也可看出经典的指数衰减不受初始时刻设置的影响。图 2.7 比较了不同初始时刻设置对伸展指数衰减和 M-L 函数[14]衰减行为的影响。很明显,两者都受到初始时刻设置的影响,而且初始时刻的值越大,衰减得越慢。

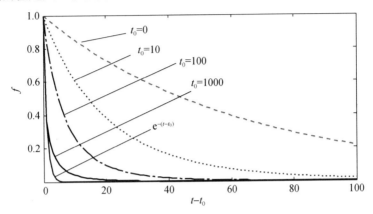

图 2.6 不同初始时刻 t_0 的设置对伸展指数衰减 $e^{-(t^\alpha - t_0^\alpha)}$ 的影响

(其中时间分形维 $\alpha=0.5$)

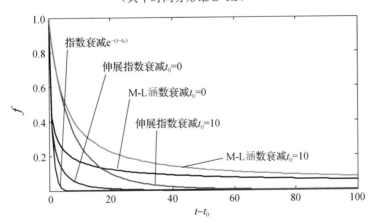

图 2.7 不同初始时刻 t_0 的设置下,比较伸展指数衰减 $e^{-(t^\alpha - t_0^\alpha)}$ 与 M-L 函数衰减行为

(其中时间分形维 $\alpha=0.5$)

参 考 文 献

[1] GORENFLO R, MAINARDI F, MORETTI D, et al. Discrete random walk models for space-time fractional diffusion[J]. Chemical Physics, 2002, 284(1-2): 521-541.

[2] METZLER R, KLAFTER J. The random walk's guide to anomalous diffusion: A fractional dynamics approach[J]. Physics Reports, 2000, 339(1):1-77.

[3] LI X. Fractional calculus, fractal geometry, and stochastic processes[D]. London: University of Western Ontario, 2003.
[4] CHEN W. Time-space fabric underlying anomalous diffusion[J]. Chaos Solitons and Fractals, 2005, 28(4):923-929.
[5] 陈文. 豪斯道夫微积分和分数阶微积分模型的分形分析[J]. 计算机辅助工程，2017，26(3)：1-5.
[6] 陈文，孙洪广，李西成. 力学与工程问题的分数阶导数建模[M]. 北京：科学出版社，2010.
[7] SAMKO S G, KILBAS A A, MARICHEV O I. Fractional integrals and derivatives: Theory and applications[M]. Gordon and Breach, 1993: 483-532.
[8] 蔡伟. 幂律黏弹性力学行为的分数阶导数和分形导数建模研究[D]. 南京：河海大学，2016.
[9] FELDMAN Y, PUZENKO A, RYABOV Y. Non-Debye dielectric relaxation in complex materials[J]. Chemical Physics, 2002, 284(1-2): 139-168.
[10] MIGNAN A. Modeling aftershocks as a stretched exponential relaxation[J]. Geophysical Research Letters, 2016, 42(22): 9726-9732.
[11] CHUNG S H, STEVENS J R. Time-dependent correlation and the evaluation of the stretched exponential or Kohlrausch-Williams-Watts function[J]. American Journal of Physics, 1991, 59(59): 1024-1030.
[12] KVITSINSKIĬ, A. A. Fractional integrals and derivatives: theory and applications[J]. Minsk; Nauka I Tekhnika, 1993(3):397-414.
[13] LIANG Y, CHEN W. A survey on computing Lévy stable distributions and a new MATLAB toolbox[J]. Signal Processing, 2013, 93(1): 242-251.
[14] JAYAKUMAR K. Mittag-leffler process[J]. Mathematical and Computer Modelling, 2003, 37(12-13): 1427-1434.
[15] MAGIN R L, INGO C, COLON-PEREZ L, et al. Characterization of anomalous diffusion in porous biological tissues using fractional order derivatives and entropy[J]. Microporous and Mesoporous Materials, 2013, 178(18): 39-43.
[16] LIANG Y, ALLEN Q Y, CHEN W, et al. A fractal derivative model for the characterization of anomalous diffusion in magnetic resonance imaging[J]. Communications in Nonlinear Science and Numerical Simulation, 2016, 39:529-537.

第三章 豪斯道夫导数流体力学模型

3.1 豪斯道夫导数圆管输运问题

石油、钻井液、流态软黏土、生物流体、液晶高分子、泥石流、高分子聚合物溶液、润滑液、流质食品等复杂流体广泛应用于能源、建筑、生物医药、材料、交通、环境、化工、食品工程等领域[1-5]。大量的试验研究表明，复杂流体的剪切应力与剪切速率之间并不满足标准的牛顿内摩擦定律，因此这种流体也被称为非牛顿流体或非线性流体[6]。

此外，非牛顿流体的若干流动形态具有明显的多尺度自相似性[7,8]。建立在经验或半经验基础上的非牛顿流体本构模型（如广义非牛顿模型、宾汉姆模型、卡森模型、赫巴模型等）并不能很好地描述这种特性，且通过拟合试验数据所得到的相关参数的物理意义也并不明确[9]。相应的物理参数（如表观黏度等）与剪切时间之间的关系表现为幂率形式[10]。因此，长期以来建立简单、有效的非牛顿本构关系是非牛顿流体研究的一个重要课题。

从工程角度讲，非牛顿流体在圆管中的输运特性研究具有重要的理论与应用价值。本节采用豪斯道夫导数建模方法，推导了非牛顿流体在圆管中的流动参数，包括流速分布、流量、平均流速、压降、平均雷诺数，并讨论了豪斯道夫导数阶数与流速分布之间的关系。本节的研究结果可以为非牛顿流体的理论研究及工程应用提供参考依据。

（1）流速分布

基于豪斯道夫导数概念，非牛顿流体本构方程可表示为

$$\tau = -\mu \frac{du}{dr^\alpha} \tag{3.1}$$

式中，τ、μ、u 分别为切应力、动力黏度、流速；r 为到管轴中心的距离。

根据传统圆管层流理论，切应力也可以表示为

$$\tau = \frac{r\Delta P}{2L} \tag{3.2}$$

式中，ΔP 为压降；L 为管长。

图 3.1 为圆管层流示意图。

结合式（3.1）和式（3.2），以及边界条件 $u(R)=0$，可得圆管中非牛顿流体流速分布为

$$u(r) = \frac{\alpha \Delta P(R^{1+\alpha} - r^{1+\alpha})}{2(\alpha+1)\mu L} \tag{3.3}$$

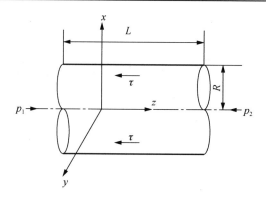

图 3.1　圆管层流示意图

由式（3.3）可知流速最大值（$r=0$）为

$$u_{\max} = \frac{\alpha \Delta P R^{1+\alpha}}{2(\alpha+1)\mu L} \tag{3.4}$$

不同豪斯道夫导数阶数下非牛顿流体流速分布如图 3.2 所示。

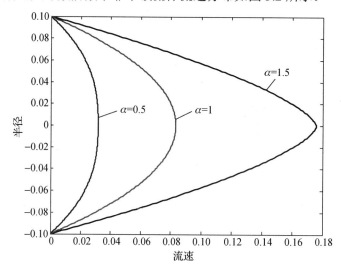

图 3.2　不同豪斯道夫导数阶数下非牛顿流体流速分布图

（2）流量

由非牛顿流体圆管层流理论，流量表达式为

$$Q = \int_0^R 2\pi r u(r) \mathrm{d}r \tag{3.5}$$

将式（3.3）代入式（3.5）可得

$$Q = \frac{\alpha \pi \Delta P R^{3+\alpha}}{2(3+\alpha)\mu L} \tag{3.6}$$

已知牛顿流体流量公式为

$$Q = \frac{\pi \Delta P R^4}{8\mu L} \quad (3.7)$$

比较式（3.6）和式（3.7），当 $\alpha=1$ 时，两者一致。牛顿流体的流量与圆管半径成四次方关系，而当 $\alpha \neq 1$ 时，基于豪斯道夫导数建立的非牛顿流体流量式，其流量大小与半径的 $3+\alpha$ 次方成正比。

（3）平均流速

由平均流速的定义 $\bar{v}=Q/\pi R^2$ 和式（3.6）可得非牛顿流体圆管层流的平均流速

$$\bar{v} = \frac{\alpha \Delta P R^{1+\alpha}}{2(3+\alpha)\mu L} \quad (3.8)$$

由式（3.4）和式（3.8）可得

$$\frac{u_{\max}}{\bar{v}} = \frac{3+\alpha}{1+\alpha} \quad (3.9)$$

断面上的流速轮廓与豪斯道夫导数阶数的关系可以通过式（3.9）反映出来。图 3.3 是根据式（3.9）得到的流速分布比值图。当 $\alpha=1$ 时，最大流速为平均流速的两倍，这与牛顿流体圆管层流的结论一致[11]；当 $0<\alpha<1$ 时，非牛顿流体为膨胀型流体。由图 3.3 不难发现，相比于牛顿流体，膨胀型流体流速梯度更大，由管轴至管壁，速度分布陡峭，流体沿程阻力和损失均大于牛顿流体；当 $1<\alpha<2$ 时，非牛顿流体为伪塑性流体，与牛顿流体相比，其断面流速分布均匀，流速梯度小，流体沿程阻力和损失均小于牛顿流体。也就是说，不同的非牛顿流体可以通过阶数 α 的取值反映；同一种非牛顿流体在圆管流动过程中，整个圆管内的沿程损失和沿程阻力可通过断面流速分布形态得以记忆，不同流体记忆能力可以通过阶数 α 的大小反映，即 α 的值越大，记忆能力越弱。

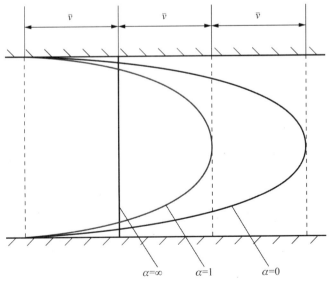

图 3.3 流速分布比值图（$u_{\max}/\bar{v}$）

(4) 压降

由式（3.6）经过整理可得压降的表达式

$$\Delta P = \frac{2(3+\alpha)\mu L Q}{\alpha \pi R^{3+\alpha}} \tag{3.10}$$

(5) 平均雷诺数

由达西公式

$$\Delta p = \lambda \frac{L}{D} \frac{\rho \bar{v}^2}{2} \tag{3.11}$$

式中，$\lambda = 64/Re$；D 为圆管直径；ρ 为流体密度，可得雷诺数

$$Re = \frac{32L\rho\bar{v}^2}{D\Delta P} \tag{3.12}$$

由式（3.8）和式（3.12）整理可得

$$Re = \frac{2^{3-\alpha}\alpha\rho\bar{v}D^{\alpha}}{(3+\alpha)\mu} \tag{3.13}$$

设 $F(\alpha) = \dfrac{2^{3-\alpha}\alpha D^{\alpha}}{(3+\alpha)}$，则平均雷诺数可表示为

$$Re = \frac{\rho\bar{v}}{\mu}F(\alpha) \tag{3.14}$$

非牛顿流体的流动问题具有多尺度，幂律、记忆和长程相关性等特点[12]。从流变学角度讲，一维圆管非牛顿流体流动问题的研究是探索非牛顿流体本构关系的重要切入口[13]。

从研究对象角度分析，多组分、传热传质、化学反应糅杂于耦合场是非牛顿流体建模的主要难点。基于试验数据拟合得到的经验公式往往因研究对象、试验条件等客观因素而具有一定的局限性。因此，简单且有效模型的建立可以为后续工作提供较大便利。

从载体角度分析：管径变化、弯转、圆管的粗糙度分布等同样会对非牛顿流体在圆管中的流动产生影响。微观上，近壁面处的流体质点在粗糙壁面摩擦、碰撞易产生脉动，形成大小不一的漩涡，造成局部流速分布不均和水头损失。对于不含屈服切应力的非牛顿流体，这种相互作用会有沿程记忆性，又由于流层间的内摩擦力，两种因素共同作用就会产生圆管断面的流速分布不均。流体对于外部作用的记忆性可以通过本构方程中的豪斯道夫导数的阶数表征。对于含有屈服切应力的非牛顿流体，因为屈服切应力的存在，流核区的流体流层不产生相对运动，因此流体对于壁面粗糙度和内摩擦作用的记忆性通过速梯区的流速分布反映。从这个层面讲，豪斯道夫导数阶数反映的是局部空间记忆性。目前，大粗糙度的圆管层流可以通过收缩半径预测，但紊流问题仍然难以做到准确预测[14]。

3.2 豪斯道夫导数 Richards 方程及应用

土壤水渗流是分析区域水文环境和计算流域水量平衡的主要参考指标,其运动特性在描述植物的蒸腾,浅层地下水的蒸发、入渗、补给和地下水污染物的治理等方面起着关键性作用[15,16],其中土壤水的入渗问题是非饱和土壤渗流领域的基本问题,广泛存在于污染物扩散、土石坝渗流、泥沙输运、边坡稳定性等领域,因此具有重要的研究意义[17-20]。

目前,Richards 方程是描述土壤水入渗规律的基本方程[21]。该方程于 1931 年由 Richards 利用达西定律研究多孔介质中毛细管传导作用时推导得到[22]。然而,该方程仅适用于各向同性土壤以及不可压缩流体,且不能用于非玻尔兹曼尺度的渗流,即统计粒子集的位移均值不满足时间的均方根函数[23]。从扩散的物理角度解释,非均质土壤中粒子的运移不满足布朗运动的特征,实际为反常扩散过程[24]。

为解决以上这些问题,近年来研究人员提出了描述土壤水渗流反常扩散过程的几种新模型[23,25-27]。目前,分数阶导数和分形导数是用于描述反常扩散的数学物理方法。例如,Pachepsky 等[23]基于分数阶导数,提出了一种时间分数阶 Richards 方程,但是该方程包含分数阶卷积积分计算复杂,且不能通过非玻尔兹曼尺度变换转化为常微分方程;Gerolymatou 等[25]对该模型做了改进,提出了一种分数阶积分方程;最近 Sun 等[27]发现分数阶导数不能很好地模拟这类问题,采用豪斯道夫分形导数推导了分形 Richards 方程,该模型在非玻尔兹曼尺度变换下可以转化为常微分方程,能够较好地拟合试验数据,并合理解释了各种非达西渗流现象。

另一方面,目前已有多个描述土壤水渗流的经典经验模型,例如径流曲线数(SCS-CN)模型[28]和新安江模型[29]。但是,这些模型的物理机理尚不明确。建立这些水文模型的物理机理是长期以来的研究难点。近来,Hooshyar 和 Wang[30]基于 Richards 方程,通过具体的初边值条件,推导了土壤入渗率与土壤孔径分布指标的关系,并给出了 SCS-CN 模型的物理解释。该工作是从物理角度解释水文模型的一个突破性进展。然而,该方法是基于经典的 Richards 方程,仅适用于几种特殊情况下土壤中水分的渗流。

基于 Sun 等[27]、Hooshyar 和 Wang[30]的工作,本节尝试采用豪斯道夫 Richards 方程,推导出适用面较广的非均质土壤入渗率,分析其与现有模型的关系,并由豪斯道夫导数的阶数刻画土壤的非均质性。

3.2.1 豪斯道夫导数 Richards 方程

Richards 方程可以描述水在多孔介质中的垂向运动。从扩散的角度来看

Richards 方程表达式为

$$\frac{\partial \theta}{\partial t} = \frac{\partial}{\partial z}\left(D(\theta)\frac{\partial \theta}{\partial z}\right) - \frac{\partial K(\theta)}{\partial z} \qquad (3.15)$$

其中土壤水扩散率 $D(\theta)$ 定义为

$$D(\theta) = K(\theta)\frac{\partial \Psi_m(\theta)}{\partial \theta} \qquad (3.16)$$

式中，z 为距基准面的距离，取向下为正；θ 为土壤含水率；$K(\theta)$ 为土壤导水率，$\Psi_m(\theta)$ 为土壤基质势。

根据豪斯道夫导数的定义[31]，可得如下豪斯道夫导数 Richards 方程：

$$\frac{\partial \theta}{\partial t^\alpha} = \frac{\partial}{\partial z}\left(D(\theta)\frac{\partial \theta}{\partial z}\right) - \frac{\partial K(\theta)}{\partial z} \qquad (3.17)$$

其中，$0 < \alpha \leqslant 1$ 为时间豪斯道夫导数的阶数，可以描述粒子扩散轨迹的豪斯道夫分形维数[31]。土壤水扩散率的量纲为 m^2/s^α，其他变量的量纲均与经典 Richards 方程中的一致。豪斯道夫导数 Richards 方程可以刻画土壤水渗透过程中的非玻尔兹曼尺度[27]。当 $\alpha = 1$ 时，式（3.17）退化为经典的 Richards 方程；当 $\alpha \neq 1$ 时，豪斯道夫 Richards 方程能够刻画土壤含水率随时间的非指数函数衰减规律，比经典 Richards 方程对应的指数衰减慢，称为豪斯道夫导数模型的记忆性。

由式（3.17）可知，毛细力和重力共同决定渗透过程。在渗透过程的初期阶段，毛细力起关键作用，而重力可以忽略不计，则对应的控制方程为

$$\frac{\partial \theta}{\partial t^\alpha} = \frac{\partial}{\partial z}\left(D(\theta)\frac{\partial \theta}{\partial z}\right) \qquad (3.18)$$

当扩散率 $D(\theta) = D$ 为常值时，式（3.18）退化为

$$\frac{\partial \theta}{\partial t^\alpha} = D\frac{\partial^2 \theta}{\partial z^2} \qquad (3.19)$$

根据不同的初值和边界条件，可以推导出不同形式的土壤入渗率与时间的关系为

$$f = -D\frac{\partial \theta}{\partial z} \quad z = 0, \ t \qquad (3.20)$$

3.2.2 土壤入渗率

为便于推导入渗率，采用式（3.19）的另一种等价形式[30]，即

$$\frac{\partial \tau}{\partial t^\alpha} = D\frac{\partial^2 \tau}{\partial z^2} \qquad (3.21)$$

式中，τ 为土壤相对缺水率；τ 与土壤含水率 θ 之间的关系为

$$\tau = 1 - \frac{\theta - \theta_r}{\theta_s - \theta_r} \qquad (3.22)$$

式中，θ_r 和 θ_s 分别为残余含水率和饱和含水率。

考虑文献[30]中的初边值条件为

$$\tau(z=l, t=0) = \tau_0 \quad (3.23)$$

$$\tau(z=0, t) = 0 \quad (3.24)$$

$$\frac{\partial \tau}{\partial z}(z=l, t) = 0 \quad (3.25)$$

式中，$l = l_0 \tau^{-1/\lambda}$，其中 λ 为孔径分布指标，是一个平均意义上的概念。

根据经典的分离变量法，可以求得式（3.21）的解为

$$\tau = \left(\frac{\pi^2 D}{2\lambda l_0^2} t^\alpha + 1\right)^{-\lambda/2} \left(\frac{\theta_s - \theta_0}{\theta_s - \theta_r}\right) \sin\left[\frac{\pi}{2l(t)} z\right] \quad (3.26)$$

结合式（3.20）和式（3.22），土壤入渗率的表达式为

$$f = \frac{D\pi(\theta_s - \theta_0)}{2l_0} \left(\frac{\pi^2 D}{2\lambda l_0^2} t^\alpha + 1\right)^{-\lambda/2 - 1/2} \quad (3.27)$$

根据入渗率的初值，式（3.27）可以简化为

$$f = f_0 \left[\frac{\pi f_0}{\lambda l_0 (\theta_s - \theta_0)} t^\alpha + 1\right]^{-\lambda/2 - 1/2} \quad (3.28)$$

当时间豪斯道夫导数的阶数 $\alpha = 1$ 时，式（3.28）对应的结果与 Hooshyar 和 Wang[30] 给出的结果一致。孔径分布指标 λ 的取值决定了相应水文模型的入渗率。例如，当 $\lambda = 3$ 时，式（3.28）为径流曲线数（SCS-CN）模型的推广，即

$$f = f_0 \left(\frac{f_0}{S} t^\alpha + 1\right)^{-2} \quad (3.29)$$

式中，S 为潜在土壤水保持率。

3.2.3 数值算例

为考察时间豪斯道夫导数的阶数 α 对土壤入渗率的影响，根据式（3.27）和图 3.4 给出了 4 组不同豪斯道夫导数的阶数对应土壤入渗率随时间的变化曲线，其中 $\lambda = 3$、$D = 1$、$l_0 = 1$、$\theta_s - \theta_0 = 1$；图 3.5 给出了 4 组不同孔径分布指标对应土壤入渗率随时间的变化曲线，其中时间豪斯道夫导数的阶数 $\alpha = 0.6$、$D = 1$、$l_0 = 1$、$\theta_s - \theta_0 = 1$。

由图 3.4 可知，当固定土壤孔径分布指标 λ 时，豪斯道夫导数阶数 α 的值决定了入渗率的衰减速率。当 $\alpha \neq 1$ 时，入渗率均表现出一定的记忆性，即 α 的值越小，入渗率随时间的变化越慢，记忆性越强，且同时反映出水分入渗的扩散环境越复杂，远离经典模型的均匀介质假设。这里的记忆性一方面指豪斯道夫导数的值不为 1 时，入渗率比经典 Richards 模型的入渗率衰减慢；另一方面指豪斯道夫 Richards 模型可以描述一类由入渗介质的非均质性引起的非正常入渗过程，即非布朗运动。因此，α 的值是刻画土壤结构的一个重要参数，能够反映土壤的非均质性特征。

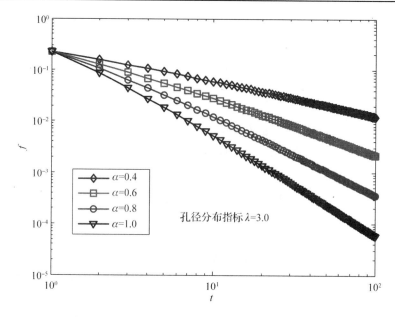

图 3.4　不同豪斯道夫导数的阶数对应土壤入渗率随时间的变化曲线

由图 3.5 可见，当固定豪斯道夫导数的阶数 α 时，土壤孔径分布指标 λ 的值决定了入渗率的衰减速率。λ 的值越小，土壤水分渗透的速率越慢。因此，λ 的值是反映土壤微结构特征的另一个重要指标。

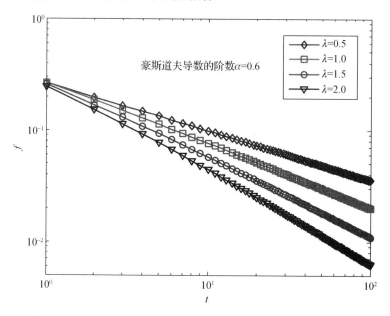

图 3.5　不同孔径分布指标对应土壤入渗率随时间的变化曲线

3.3 磁共振成像

3.3.1 豪斯道夫导数扩散方程

类比于传统扩散方程和分数阶导数扩散方程，利用时空尺度变换，则可以推导出下述时空豪斯道夫导数扩散方程[32]：

$$\frac{\partial p(x,t)}{\partial t^\alpha} = D_{\alpha,\beta} \frac{\partial}{\partial x^\beta}\left[\frac{\partial p(x,t)}{\partial x^\beta}\right] \quad (3.30)$$

式中，$p(x,t)$是在位置为x处、时间为t时，无限小范围$\mathrm{d}x$内扩散传播子的概率密度函数，初始值$p(x,t)=\delta(x)$；α、β分别为时间、空间豪斯道夫导数，其中$0<\alpha\leq 1$，$0<\beta\leq 1$；$D_{\alpha,\beta}$是扩散系数。根据第二章提出的尺度变换，上式可以还原为传统的扩散方程[32]。

式（3.30）的解服从扩展高斯分布[32]，即

$$p(x,t) = \frac{1}{\sqrt{4\pi D_{\alpha,\beta} t^\alpha}} \mathrm{e}^{-\frac{x^{2\beta}}{4 D_{\alpha,\beta} t^\alpha}} \quad (3.31)$$

当$\alpha=1$，$\beta=1$时，式（3.31）退化为高斯分布。

豪斯道夫导数扩散模型对应的均方位移[32]，即

$$\langle x^2(t) \rangle \sim t^{(3\alpha-\alpha\beta)/2\beta} \quad (3.32)$$

式（3.32）中的幂指数为1时，式（3.30）描述的扩散过程为经典的布朗运动，即式（3.30）退化为经典的扩散方程；当幂指数小于1时，式（3.30）描述的扩散过程为慢扩散过程；当幂指数大于1时，式（3.30）描述的扩散过程为快扩散过程。

式（3.31）的特征函数$p(k,t)$是扩展指数函数[31]，即

$$p(k,t) = \mathrm{e}^{-D_{\alpha,\beta} k^{2\beta} t^\alpha} \quad (3.33)$$

3.3.2 磁共振成像的豪斯道夫导数模型

磁共振信号的衰减通常被认为服从指数分布形式的Stejskal-Tanner方程[33]，即

$$S/S_0 = \mathrm{e}^{-bD} \quad (3.34)$$

式中，S为信号强度；S_0为最小b值对应的信号强度；D为扩散系数。此外，$q=\gamma G\delta$为扩散梯度强度敏感化参数，且满足关系$b=q^2\bar{\Delta}$，其中，$\bar{\Delta}=\Delta-\delta/3$，$\gamma$为磁旋比，$G$为扩散梯度强度，$\Delta$为观测时间，$\delta$为脉冲长度（其中$q$和$\bar{\Delta}$通过磁共振成像试验确定）。

为描述磁共振成像中信号强度的衰减，将式（3.33）改写为

$$p(q,\overline{\Delta}) = e^{-D_{\alpha,\beta}q^{2\beta}\overline{\Delta}^{\alpha}} \tag{3.35}$$

当 $\alpha=1$、$\beta=2$ 时，式（3.35）退化为式（3.34）。

3.3.3 数值算例

本节以老鼠的大脑组织为例，采用时空豪斯道夫导数扩散成像模型，分析水分子在老鼠大脑组织中的扩散规律，并通过该模型的参数表征大脑中不同组织的结构特征。老鼠大脑组织中的白质和灰质是控制神经活动的重要组成部分，其中白质由多尺度、自相似、各向异性的轴突、纤维和神经束组成，起着传递神经冲动的作用；灰质宏观上表现为分层结构，微观上表现为神经元和轴突的随机网状结构，控制一些基本的反射活动[34]。由此可见，从结构上看，白质较灰质复杂。

扩散加权磁共振成像的试验场地位于佛罗里达州盖恩斯维尔的磁共振成像和光谱设备中心（AMRIS）。磁共振成像试验前，首先将一只模型为C57BL/6J的成年雄性老鼠的大脑固定并浸泡于4%的多聚甲醛溶液24h，并重复用磷酸盐缓冲盐水清洗，然后将大脑放于直径为10mm的5ml试管内，试管内放有全氟三丁胺，用于降低试验扫描过程中的磁化率。采用Micro-2.5梯度1500 mT/m（750MHz）的17.6T垂直孔影像光谱仪扫描老鼠大脑。首先通过重回声序列快速获取用于定位的图像，然后利用一对标准的Stejskal-Tanner脉冲扩散梯度和受激回波脉冲序列生成磁共振图像。

磁共振试验中，扩散时间 Δ 的范围为15.6～115ms，脉冲长度 δ 为3.5ms。试验中 b 值的变化范围为121.5～22700s/mm^2。扩散梯度强度 G 为400mT/m。像素的分辨率为100μm×100μm×500μm，回波时间TE=22.9ms，重复时间TR=3000ms。图像信号矩阵大小为170×110。更多的试验细节详见文献[35]。结合式（3.35），试验得到的数据可看成固定空间频率 q，变化时间 $\overline{\Delta}$ 下的信号衰减。处理试验数据时，首先将图像中每个像素对应的扩散磁共振信号正则化，然后利用式（3.35）拟合每个像素对应的衰减信号。设置式（3.35）中参数 $\beta=1$，一方面使得大脑内的组织表现出慢扩散特征，另一方面可以提高参数 α 的敏感度。最后通过非线性最小二乘回归法估计每个像素对应式（3.35）中的参数 α 和 $D_{\alpha,\beta}$。

图3.6给出了老鼠大脑磁共振信号强度的示意图，并标记部分白质和灰质作为兴趣区。图3.7和图3.8分别给出了老鼠大脑组织对应豪斯道夫导数模型参数 α 和 $D_{\alpha,\beta}$ 的像素图。由图3.7可见，参数 α 的像素图能够清晰地区分兴趣区中的白质和灰质。白质对应参数 α 的值小于灰质，表明白质的结构较灰质更异质和扭曲。由图3.8可见，白质和灰质之间的对比度也很明显，且白质对应的扩散系数 $D_{\alpha,\beta}$ 较灰质的小，与参数 α 反映的特征一致。总的来讲，参数像素图中参数 α 和 $D_{\alpha,\beta}$

的值越小，则像素对应组织的微观结构越复杂，同时反映水分子在老鼠大脑有界扩散区域的局部相互作用越强烈和受限制程度越明显[36,37]。

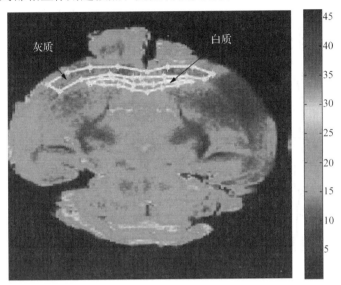

图 3.6　老鼠大脑磁共振信号强度的示意图及标记的白质和灰质兴趣区

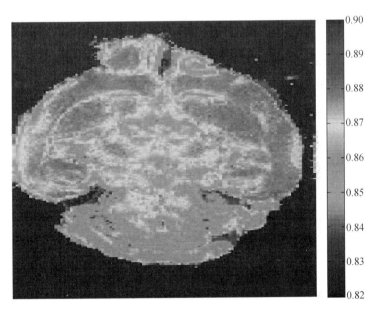

图 3.7　老鼠大脑组织对应豪斯道夫导数模型参数 α 的像素图

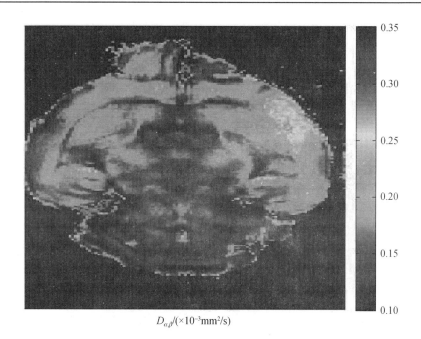

$D_{\alpha,\beta}/(\times 10^{-3}\mathrm{mm}^2/\mathrm{s})$

图 3.8 老鼠大脑组织对应豪斯道夫导数模型参数 $D_{\alpha,\beta}$ 的像素图

另外，可以通过参数的统计分布，反映白质和灰质结构间的差异。结合图 3.7 和图 3.8 参数的值，表 3.1 给出了兴趣区中白质和灰质对应参数 α 和 $D_{\alpha,\beta}$ 的均值和方差。从表 3.1 同样可以看出，这两个参数均能够反映白质和灰质之间的差异，且参数 $D_{\alpha,\beta}$ 之间的差异较参数 α 的差异大[36,37]。

表 3.1 兴趣区中白质和灰质对应参数 α 和 $D_{\alpha,\beta}$ 的均值和方差

兴趣区	α	$D_{\alpha,\beta}/(\times 10^{-3}\mathrm{mm}^2/\mathrm{s})$
白质	0.86±0.01	0.14±0.02
灰质	0.88±0.01	0.20±0.02

为说明豪斯道夫导数扩散方程对应磁共振成像模型的实用性，选取兴趣区中白质和灰质的某一像素作为例证，比较了 5 种不同的模型拟合该像素对应的信号衰减曲线，包括单指数模型、伸展指数模型、豪斯道夫导数模型、分数阶导数模型和扩散峰度成像模型。图 3.9 和图 3.10 分别给出了半对数坐标下，5 种不同模型拟合老鼠大脑白质和灰质磁共振信号衰减的曲线。从这两幅图可以看出，随着 b 值的增加，单指数模型和伸展指数模型的拟合曲线衰减非常快，且严重偏离试验数据；同样对于高 b 值磁共振信号，由于扩散峰度成像模型是一个抛物型函数，该模型不能准确地描述单调递减的高 b 值衰减信号。从图 3.9 和图 3.10 中所显示的结果来看，分数阶导数模型和豪斯道夫导数模型的拟合精度相对较高。

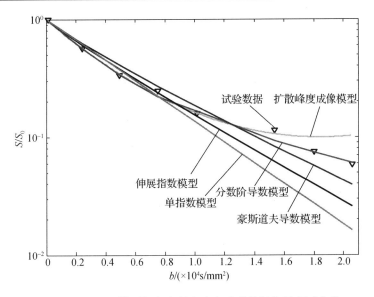

图 3.9　5 种不同模型拟合老鼠大脑白质磁共振信号衰减曲线

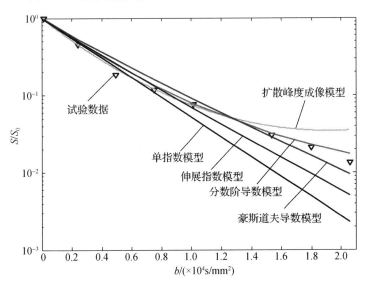

图 3.10　5 种不同模型拟合老鼠大脑灰质磁共振信号衰减曲线

参 考 文 献

[1] 刘海燕，庞明军，魏进家. 非牛顿流体研究进展及发展趋势[J]. 应用化工，2010，39(5)：740-746.
[2] 姜楠，田砚. 舌尖上的非牛顿流体[J]. 力学与实践，2017，39(1)：89-92.
[3] 彭岩，吕冰海，纪宏波，等. 非牛顿流体材料在工业领域的应用与展望[J]. 轻工机械，2014，32(1)：109-114.
[4] 董正远. 含蜡原油管输的通用速度分布与温度分布[J]. 西安石油大学学报（自然科学版），2005，20(6)：37-40.

[5] 朱克勤. 非牛顿流体力学研究的若干进展[J].力学与实践，2006, 28(4)：1-8.

[6] 李勇, 柳文琴. 非牛顿流体流动的格子Boltzmann方法研究进展[J]. 力学与实践，2014, 36(4)：383-395.

[7] NITTMANN J, DACCORD G, STANLEY H E. Fractal growth viscous fingers: Quantitative characterization of a fluid instability phenomenon[J]. Nature, 1985, 314(6007): 141.

[8] ROBINSON A L. Fractal fingers in viscous fluids[J]. Science, 1985, 228: 1077-1081.

[9] DEALY J M. Weissenberg and Deborah numbers: Their definition and use [J]. Rheology Bulletin, 2010, 79(2): 14-18.

[10] YANG X, CHEN W, XIAO R, et al. A fractional model for time-variant non-Newtonian flow[J]. Thermal Science, 2017, 21(1A): 61-68.

[11] 沈仲棠. 非牛顿流体力学及其应用[M]. 北京：高等教育出版社，1989.

[12] CHHABRA R P. Non-Newtonian fluids: An introduction[M]. New York: Springer, 2010:3-34.

[13] 韩式方. 非牛顿流体本构方程和计算解析理论 [M]. 北京：科学出版社，2000.

[14] GRAHAM L J W, PULLUM L, WU J. Flow of non-Newtonian fluids in pipes with large roughness[J]. Canadian Journal of Chemical Engineering, 2016, 94(6):1102-1017.

[15] 杜世鹏, 王船海等. 基于饱和-非饱和流动理论的土壤水运动模拟[J]. 水力发电，2015，41(1)：11-14.

[16] 曾刚. 非饱和土渗透方法及渗流参数反演[D]. 宜昌：三峡大学，2013.

[17] MIKKELSEN P S, HÄFLIGER M, OCHS M, et al. Pollution of soil and groundwater from infiltration of highly contaminated stormwater:A case study[J]. Water Science & Technology, 1997, 36(8-9): 325-330.

[18] PAVCHICH M P, STUL'KEVICH A V. Piezometric observations and the determination of integral parameters for local and general infiltration in a dam-base system[J]. Power Technology and Engineering, 2001, 35(9): 486-490.

[19] MASSELINK G, RUSSELL P. Flow velocities, sediment transport and morphological change in the swash zone of two contrasting beaches[J]. Marine Geology, 2006, 227(3-4): 227-240.

[20] ANDO Y, SUDA K, KONISHI S, et al. Rigid plastic FE slope stability analysis combined with rain fall water infiltration[J]. Japanese Geotechnical Society Special Publication, 2015, 1(3): 23-28.

[21] XU Z B, DECKER M. Improving the numerical solution of soil moisture-based Richards equation for land models with a deep or shallow water table[J]. Journal of Hydrometeorology, 2010, 10(1): 308-319.

[22] RICHARDS L A. Capillary conduction of liquids through porous mediums[J]. Journal of Applied Physics, 1931, 1(5): 318-333.

[23] PACHEPSKY Y, TIMLIN D, RAWLS W. Generalized Richards' equation to simulate water transport in unsaturated soils [J]. Journal of Hydrology, 2003, 272(1-4): 3-13.

[24] FILIPOVITCH N, HILL K M, LONGJAS A, et al. Infiltration experiments demonstrate an explicit connection between heterogeneity and anomalous diffusion behavior[J]. Water Resources Research, 2016, 52(7): 5167-5178.

[25] GEROLYMATOU E, VARDOULAKIS I, HILFER R. Modelling infiltration by means of a nonlinear fractional diffusion model[J]. Journal of Physics D Applied Physics, 2006, 39(18): 187-214.

[26] ABD E G E A, MILCZAREK J J. Neutron radiography study of water absorption in porous building materials: anomalous diffusion analysis[J]. Journal of Physics D Applied Physics, 2004, 37(16): 2305-2313.

[27] SUN H G, MEERSCHAERT M M, ZHANG Y, et al. A fractal Richards' equation to capture the non-Boltzmann Scaling of water transport in unsaturated media[J]. Advances in Water Resources, 2013, 52(4): 292-295.

[28] MISHRA S K, SINGH V P. Soil conservation service curve number (SCS-CN) methodology[J]. Springer Netherlands, 2010, 22(3): 355-362.

[29] ZHAO R J. The Xinanjiang model applied in China[J]. Journal of Hydrology, 1992, 135(1-4): 371-381.

[30] HOOSHYAR M, WANG D. An analytical solution of Richards' equation providing the physical basis of SCS curve number method and its proportionality relationship[J]. Water Resources Research, 2016, 52: 6611-6620.

[31] CHEN W. Time-space fabric underlying anomalous diffusion[J]. Chaos Solitons and Fractals, 2006, 28(4): 923-929.

[32] CHEN W, SUN H, ZHANG X, et al. Anomalous diffusion modeling by fractal and fractional derivatives[J]. Computers & Mathematics with Applications, 2010, 59(5):1754-1758.

[33] CALLAGHAN P T. Principles of nuclear magnetic resonance microscopy[M]. Oxford: Oxford University Press, 1993.

[34] PAXINOS G, FRANKLIN K B J. The mouse brain in stereotaxic coordinates[M]. Oxford: Gulf Professional Publishing, 2004.

[35] YE A Q, GATTO R, COLON-PEREZ L, et al. Using continuous time random walk diffusion to quantify the progression of Huntington's disease[C]// ISMRM 23rd Annual Meeting and Exhibition, Toronto, Canada, 2015: 2909.

[36] LIANG Y, YE A Q, CHEN W, et al. A fractal derivative model for the characterization of anomalous diffusion in magnetic resonance imaging[J]. Communications in Nonlinear Science and Numerical Simulation, 2016, 39:529-537.

[37] 梁英杰. 分数阶统计力学的研究及其在工程可靠性和反常扩散中的应用[D]. 南京：河海大学，2016.

第四章 豪斯道夫导数黏弹性力学模型

4.1 黏弹性材料流变行为的幂律依赖现象

大量的试验现象表明，复杂黏弹性材料的流变行为经常表现出幂律依赖现象，其中最广为认可的就是扩展指数松弛现象，与传统的德拜指数松弛模型不同，其服从扩展指数函数

$$G(t) = G_0 \mathrm{e}^{(-t/\tau)^\alpha} \tag{4.1}$$

式中，α 为依赖于温度或材料的组成成分的常数。这种函数又被称为 K-W-W 函数[1-3]。

由于黏弹性材料组成成分及其结构的复杂性，其蠕变或松弛响应和相应的频域响应呈现出幂律现象。也就是说，蠕变或松弛与时间的幂函数相关[4]，即

$$\varepsilon(t) \sim t^\alpha \text{ 或 } \sigma(t) \sim t^\alpha \tag{4.2}$$

而存储模量和耗散模量与角频率的幂函数相关，即

$$G'(\omega) \propto \omega^\alpha \text{ 或 } G''(\omega) \propto \omega^\alpha \tag{4.3}$$

4.1.1 松弛试验的幂律依赖现象

上述试验现象，无法用传统的麦克斯韦模型、开尔文模型和 Zener 模型等黏弹性模型解释。为较好地拟合这类"反常"的试验数据，通常采用更多的弹簧元件和牛顿黏壶组合来获得较好的拟合效果。然而，这样的处理方式导致在本构方程中引入了更多的材料参数，也使得本构关系具有复杂的形式。本节基于尺度变换的概念，对传统的黏弹性模型进行修正，用以获得更好的拟合结果[5]。

一般地，我们经常采用麦克斯韦模型来描述黏弹性材料的松弛现象，其松弛函数可以简记为

$$\sigma_A = a \mathrm{e}^{-t/b} \tag{4.4}$$

式中，a 和 b 为两个材料参数。根据前面所述的传统的扩散方程和反常扩散方程的均方位移之间的关系，对式（4.4）进行如下修正，即

$$\sigma_B = a \mathrm{e}^{-t^\alpha/b} \tag{4.5}$$

式（4.5）可以看作对式（4.4）进行时间尺度变换后的形式。为考察修正后的模型的优越性，分别采用式（4.4）和式（4.5）对猪角膜的两组松弛试验数据进行拟合，其拟合结果如图 4.1 所示。

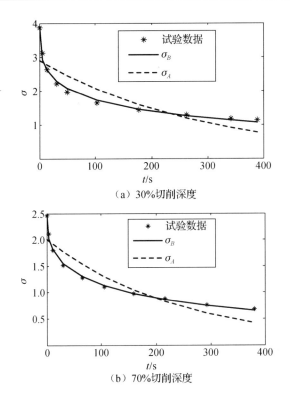

图 4.1　传统麦克斯韦模型和修正麦克斯韦模型对猪角膜的松弛现象试验数据拟合
（试验数据摘自文献[6]）

图 4.1（a）和（b）拟合的参数分别列于表 4.1 和表 4.2 中。从图 4.1、表 4.1 和表 4.2 中可以看出，考虑时间尺度变换后的模型较之于原模型，在仅多一个参数的情况下，拟合效果更好（拟合误差小）。也就是说，修正后的模型可以避免使用更多的牛顿黏壶与弹簧元件的串并联，从而减少了松弛模量的内含参数。将表 4.1 中 a 和 b 中的时间轴改为 t^α（α 为拟合得到的阶数），并重新绘图，如图 4.2 所示。图 4.2 更加直观的反映出修正模型拟合结果的优越性。此外，比较式（4.5）和式（4.1），可以发现它们具有相似的形式。因此我们可以说，修正的麦克斯韦松弛模型是伸展指数松弛 K-W-W 函数的一般形式。

表 4.1　30%切削深度处猪角膜松弛现象试验数据的传统麦克斯韦模型和修正麦克斯韦模型的拟合参数和相对误差

参数	a	b	α	相对误差
σ_B	3.91	6.2	0.35	0.0378
σ_A	2.9	295	—	0.1914

表 4.2　70%切削深度处猪角膜松弛现象试验数据的传统麦克斯韦模型和修正麦克斯韦模型的拟合参数和相对误差

参数	a	b	α	相对误差
σ_B	2.48	8.6	0.41	0.0250
σ_A	2.01	242.6	—	0.1534

（a）30%切削深度　（b）70%切削深度

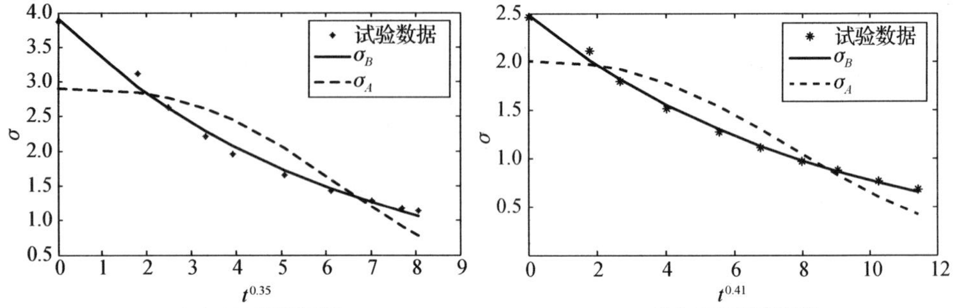

图 4.2　时间尺度 t^{α}，不同模型的试验数据拟合

4.1.2　蠕变试验的幂律依赖现象

描述岩盐蠕变行为的最简单的黏弹性模型是传统的开尔文模型，其蠕变柔量为

$$\varepsilon_A = a(1-\mathrm{e}^{-t/b}) \tag{4.6}$$

式中，a 和 b 为两个常数。与 4.1.1 节的推广类似，我们将该蠕变柔量修正为

$$\varepsilon_B = a(1-\mathrm{e}^{-t^{\alpha}/b}) \tag{4.7}$$

对蠕变试验的拟合结果见图 4.3，拟合所得参数见表 4.3。图 4.3（a）的横坐标为时间 t，而图 4.3（b）的横坐标为时间 t 的 α 次方。从图 4.3 和表 4.3 结果可以发现，修正的模型较之于原模型具有更好的拟合结果。

（a）时间尺度t　（b）时间尺度t^{α}

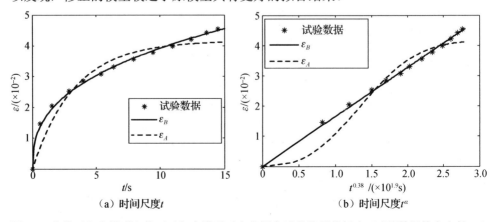

图 4.3　传统开尔文模型和修正开尔文模型对岩盐蠕变试验结果的拟合（试验数据摘自文献[7]）

表 4.3　传统开尔文模型和修正开尔文模型对岩盐蠕变试验结果的拟合参数和相对误差

参数	a	b	α	相对误差
ε_B	0.07	0.6	0.38	0.0171
ε_A	0.24	0.8	—	0.0986

4.1.3　修正的 Zener 模型

较之于传统的麦克斯韦和开尔文模型，Zener 模型可以更好描述固体的蠕变和松弛。在蠕变的初始值不为 0 或者松弛函数的终值不趋向于 0 而是一个固定值的时候，采用 Zener 模型来描述相应的蠕变或者松弛现象更符合实际情况。

传统的 Zener 模型的蠕变柔量为

$$\varepsilon_C = a + b(1 - \mathrm{e}^{-ct}) \tag{4.8}$$

采用时间尺度变换后，得到修正的 Zener 模型蠕变柔量为

$$\varepsilon_D = a + b(1 - \mathrm{e}^{-ct^\alpha}) \tag{4.9}$$

采用一组标号为 B 300 的混凝土试验结果来验证修正模型的正确性，其拟合结果如图 4.4 所示。其中图 4.4（a）的横坐标为时间 t，而图 4.4（b）的横坐标为时间 t^α。标号为 B 300 的混凝土蠕变试验的拟合参数和相对误差列于表 4.4 中。

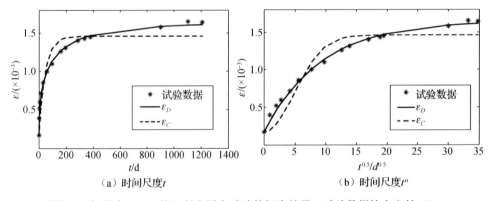

（a）时间尺度 t　　　　（b）时间尺度 t^α

图 4.4　标号为 B 300 的混凝土蠕变试验的拟合结果（试验数据摘自文献[8]）

表 4.4　标号为 B 300 的混凝土蠕变试验的拟合参数和相对误差

参数	a	b	c	α	相对误差
ε_D	0.17	1.475	0.1090	0.5	0.0296
ε_C	0.17	1.289	0.0216	—	0.1287

从图 4.4 和表 4.4 中可以看出，修正后的模型比传统模型的拟合效果更好。对于传统模型，当拟合结果达不到要求时，需要在原来的模型上并联或者串联更多的弹性或黏性元件，以获得更高的拟合精度。为了阐述修正模型的优势，将其拟合结果与五元件模型的拟合结果比较。图 4.5 所示为广义开尔文模型，当 $\eta=2$ 时，

即为五元件模型,其蠕变柔量可记为

$$\varepsilon_e = \frac{1}{E_1} + \frac{1}{E_2}\left(1 - e^{-\frac{E_2}{\eta_1}t}\right) + \frac{1}{E_3}\left(1 - e^{-\frac{E_3}{\eta_2}t}\right) \quad (4.10)$$

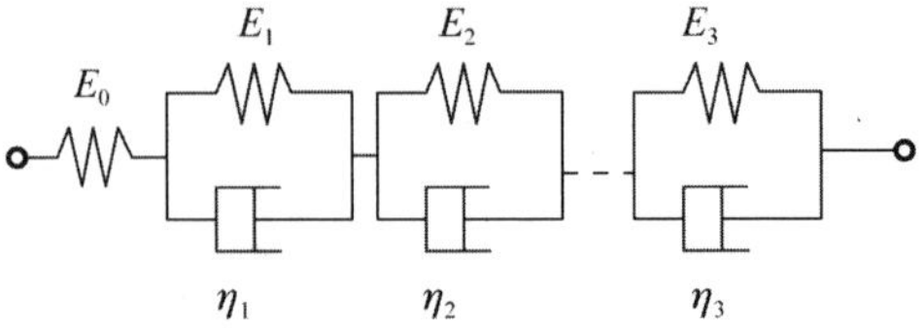

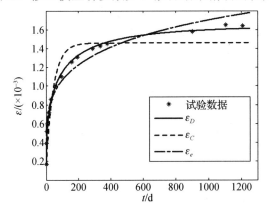

图 4.5 广义开尔文模型

仍然采用文献[8]中的试验数据,将修正 Zener 模型、传统 Zener 模型和五元件模型的试验数据拟合结果绘于图 4.6 中。从图 4.6、表 4.5 和表 4.4 的比较中可以发现,传统模型为达到与修正模型相似的精度,需要更多的元件组合,这样不可避免地引入了更多的物理参数,这些参数所对应的物理意义无法得到很好的解释。与传统模型相比,修正模型有参数少、拟合结果精确的优势。

图 4.6 修正 Zener 模型、传统 Zener 模型和五元件模型的试验数据拟合

表 4.5 五元件模型的拟合参数和相对误差

E_1	E_2	η_1	E_3	η_2	相对误差
5.7	5.7	0.75	0.35	17.50	0.0609

类似地,传统 Zener 模型的松弛模量为

$$\sigma_C = a + b e^{-t/c} \quad (4.11)$$

采用时间尺度变换后,得到修正的 Zener 模型松弛模量为

$$\sigma_D = a + b e^{-t^\alpha/c} \quad (4.12)$$

当松弛过程的最终应力不趋向于 0,而是趋向于某个固定值时,图 4.7 和表 4.6 表明修正后的 Zener 模型的松弛模量可以更好地拟合试验数据。

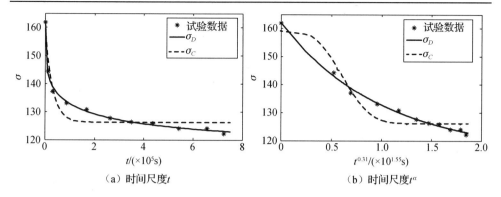

(a) 时间尺度 t (b) 时间尺度 t^α

图 4.7 滑移区土样松弛试验的试验数据拟合（试验数据摘自文献[9]）

表 4.6 滑移区土样松弛试验的拟合参数和相对误差

参数	a	b	c	α	相对误差
σ_D	115.8	46.1	1.0	0.5	0.0057
σ_C	126.2	33.2	0.3	—	0.0220

4.2 分形黏壶

由 4.1 节的试验可知，在刻画复杂黏弹性材料的流变行为时，只需要对传统的本构模型进行时间尺度的变换，即可得到较好的拟合结果。豪斯道夫导数作为一种能描述时空尺度变换的建模方式，目前已被成功用于描述反常扩散现象和阻尼振动问题[10-12]。基于上述考虑，本节拟采用豪斯道夫导数建立相应的黏弹性本构模型。

在研究分数阶导数黏弹性模型时，通常引入 Abel 黏壶代替传统黏弹性模型中的牛顿黏壶，其数学表达为 $\sigma = \eta d^\alpha \varepsilon / dt^\alpha$。在本节中，我们提出了一种新的分形黏壶的结构示意图（图 4.8），用以刻画材料黏性的时间幂律依赖性质。用豪斯道夫导数取代牛顿黏性模型中的一阶导数，得到一种新的本构模型，我们称其为分形黏壶模型[13,14]，其本构关系为

图 4.8 分形黏壶的结构示意图

$$\sigma(t) = \eta \frac{d\varepsilon(t)}{dt^\alpha} \quad \alpha > 0 \quad (4.13)$$

式中，σ、ε 分别为应力与应变；η 为材料参数；α 为分形黏壶的阶数。当 $\alpha \to 1$ 时，分形黏壶即退化为牛顿黏壶。

4.2.1 分形黏壶与 Abel 黏壶

在分形黏壶的本构方程（4.13）中，令 $\sigma(t)=\sigma_0$，得到分形黏壶的蠕变响应为

$$\varepsilon(t) = \frac{\sigma_0}{\eta} \cdot t^\alpha \qquad (4.14)$$

由上式可知,分形黏壶的蠕变响应形式为幂函数。另外,在本构方程式(4.13)中,令 $\varepsilon(t) = \varepsilon_0 H(t)$,得到分形黏壶的应力松弛响应为

$$\sigma(t) = \frac{\eta \cdot \varepsilon_0}{\alpha} \cdot t^{1-\alpha} \cdot \delta(t) \qquad (4.15)$$

式中,$\delta(t)$ 是狄拉克函数;$H(t)$ 是 Heaviside 函数,且有

$$\frac{\mathrm{d}H(t)}{\mathrm{d}t} = \delta(t)$$

分形黏壶的蠕变柔量和松弛模量以及相关的一些信息见表 4.7。表 4.7 也给出了牛顿黏壶和 Abel 黏壶[15]的蠕变及松弛模量及相应信息。

表 4.7 牛顿黏壶、Abel 黏壶和分形黏壶的蠕变柔量及松弛模量

内容	牛顿黏壶	Abel 黏壶	分形黏壶
图示			
本构关系	$\sigma = \mu \dfrac{\mathrm{d}\varepsilon}{\mathrm{d}t}$	$\sigma = \xi \cdot \dfrac{\mathrm{d}^\beta \varepsilon}{\mathrm{d}t^\beta}$	$\sigma = \eta \cdot \dfrac{\mathrm{d}\varepsilon}{\mathrm{d}t^\alpha}$
阶数取值	—	$0 \leqslant \beta \leqslant 1$	$\alpha > 0$
蠕变柔量 $J(t)$	$\dfrac{t}{\mu}$	$\dfrac{1}{\xi \cdot \Gamma(1+\beta)} \cdot t^\beta$	$\dfrac{1}{\eta} \cdot t^\alpha$
松弛模量 $G(t)$	$\mu \cdot \delta(t)$	$\dfrac{\xi}{\Gamma(1-\beta)} \cdot t^{-\beta}$	$\dfrac{\eta}{\alpha} \cdot t^{1-\alpha} \cdot \delta(t)$

牛顿黏壶是经典的黏弹性模型中的黏性元件,它的蠕变柔量是一个线性函数,在常应力下没有松弛效应;Abel 黏壶是分数阶黏弹性模型中的黏弹性元件,其阶数取值介于 0 到 1,能较好地展现蠕变以及松弛特性。当 $\beta=0$ 时,Abel 黏壶退化为胡克弹簧,蠕变柔量和松弛模量也相应地退化,当 $\beta=1$ 时,Abel 黏壶退化为牛顿黏壶,蠕变柔量也相应退化。当 $\beta=1$ 时 Abel 黏壶的松弛模量推导为

$$G(t)\big|_{\beta=1} = \lim_{\beta \to 1^-} \frac{\xi}{\Gamma(1-\beta)} \cdot t^{-\beta} = \frac{\xi}{t} \cdot \lim_{\beta \to 1^-} \frac{1}{\Gamma(1-\beta)} \qquad (4.16)$$

考虑到 $\lim\limits_{x \to 0^+} \Gamma(x) = +\infty$,可知,当 $t>0$ 时,$G(t)=0$;而当 $t=0$ 时,$G(t)$ 是一个无法定量确定的量[16]。这其实与牛顿黏壶的松弛模量具有相似的性质。

分形黏壶的阶数 $\alpha>0$,根据豪斯道夫导数与一阶导数之间的关系,可以理解为分形黏壶是牛顿黏壶的修正模型,阶数 α 代表着对牛顿黏壶不同程度地修正。当 $\alpha=1$ 时,分形黏壶可以退化为牛顿黏壶,其蠕变柔量和松弛模量也相应地退化。分形黏壶的蠕变柔量呈现幂函数形式,这与 Abel 黏壶类似;而松弛模量却与牛顿黏壶类似。当 $t>0$ 时,松弛模量 $G(t)=0$,这说明分形黏壶能描述蠕变行为,而不能很好地描述松弛现象。另外,基于豪斯道夫导数算子的局部性,在涉及计算的

时候会显示出比 Abel 黏壶高得多的计算效率。分形黏壶在流体上的应用见参考文献[17]，而基于分形黏壶的黏弹性元件模型见参考文献[13]。

4.2.2 分形黏壶的蠕变与松弛

为了探究分形黏壶的蠕变及回复特性，我们设置一个简单的加载及卸载试验，如图 4.9 所示。在 $t_1=1s$ 时加上恒定荷载，并在 $t_2=2s$ 时卸载。在 t_1 时刻加上恒定荷载 σ_0，则分形黏壶的蠕变应变[18]为

$$\varepsilon(t) = \frac{\sigma_0}{\eta} \cdot (t-t_1)^\alpha \quad t_1 < t < t_2 \quad (4.17)$$

当在 t_2 时刻卸载后，根据玻尔兹曼叠加原理，相当于在此时刻加上一个大小相等方向相反的恒定荷载 $-\sigma_0$。之后分形黏壶的回复应变为

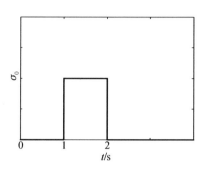

图 4.9 加载及卸载试验图

$$\varepsilon(t) = \frac{\sigma_0}{\eta} \cdot (t-t_1)^\alpha - \frac{\sigma_0}{\eta} \cdot (t-t_2)^\alpha \quad t > t_2 \quad (4.18)$$

在式（4.17）和式（4.18）中令 $t_1=1s$，$t_2=2s$，$\eta=\sigma_0=1$，做出分形黏壶的蠕变及回复曲线如图 4.10 所示，作为对比，图中也给出了牛顿黏壶、Abel 黏壶的蠕变及回复曲线。

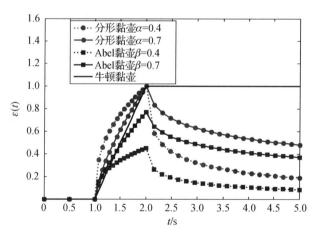

图 4.10 牛顿黏壶、Abel 黏壶及分形黏壶的蠕变及回复曲线

从图 4.10 中可以发现，在恒定荷载的加载初期，分形黏壶的变形较快，随着时间的推移，变形速率逐渐减小但变形却持续增长，表现出明显的蠕变行为。卸载后变形逐渐回复，在卸载初期变形回复较大，随后回复速率逐渐减小，但是最终仍有部分变形不可恢复。加、卸载初期变形较快，体现了分形黏壶的弹性效应，而卸载后最终有残余变形则说明有黏性流动发生。由此可以看出，分形黏壶表现

出明显的黏弹性特征。当分形导数的阶数 α 越接近 1 时，分形黏壶的蠕变及回复曲线越接近牛顿黏壶的相应响应，即表现出较高的黏性；而当 α 越小时，分形黏壶在加、卸载的初期变形越快，表现出高弹性。另外，Abel 黏壶的蠕变及回复曲线的变化规律与分形黏壶的规律类似，这说明 Abel 黏壶与分形黏壶具有相似的黏弹性特性。牛顿黏壶在加载时的黏性流动和卸载时不可恢复的变形给分形黏壶及 Abel 黏壶黏弹性的判定提供了很好的参考。

4.2.3 分形黏壶的动荷载响应

设置一个动态荷载以便进一步探究分形黏壶的应变响应特征。为简单起见，设置动态荷载为一正弦函数[18]为

$$\sigma(t) = \hat{\sigma}\sin(2\pi f t) \tag{4.19}$$

式中，$\hat{\sigma}$ 表示振幅；f 表示频率。根据分形黏壶的本构关系式（4.13），可以得到分形黏壶在此动态荷载下的应变为

$$\varepsilon(t) = \frac{\hat{\sigma} \cdot \alpha}{\eta} \cdot \int_0^t \tau^{\alpha-1} \sin(2\pi f \tau) \mathrm{d}\tau \tag{4.20}$$

为了比较的需要，我们也给出了牛顿黏壶和 Abel 黏壶在此荷载下的应变表达式，分别为

$$\varepsilon(t) = \frac{\hat{\sigma}}{2\pi f \cdot \mu} \cdot [1 - \cos(2\pi f t)] \tag{4.21}$$

$$\varepsilon(t) = \frac{\hat{\sigma}}{\xi \cdot \Gamma(\beta)} \cdot \int_0^t \frac{\sin(2\pi f \tau) \mathrm{d}\tau}{(t-\tau)^{1-\beta}} \tag{4.22}$$

为方便起见，将相关的参数设置为单位 1，即 $\eta = \mu = \xi = f = \hat{\sigma} = 1$，并限制时间 t 从 0 到 5。导数阶数取 0.9、0.5 和 0.1 时，牛顿黏壶、分形黏壶和 Abel 黏壶在动态荷载下的应变响应见图 4.11~图 4.13。

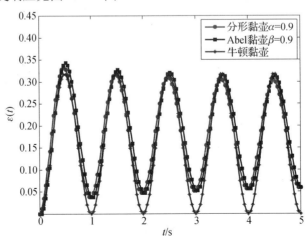

图 4.11 导数阶数取 0.9 时，牛顿黏壶、分形黏壶和 Abel 黏壶在动态荷载下的应变响应

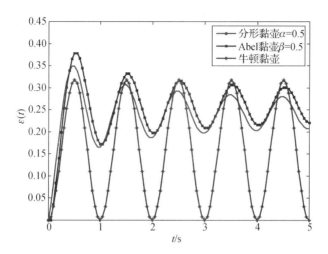

图 4.12　导数阶数取 0.5 时，牛顿黏壶、分形黏壶和 Abel 黏壶在动态荷载下的应变响应

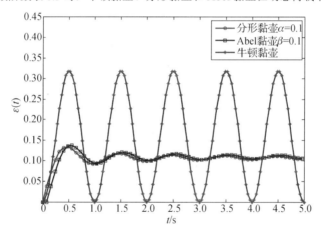

图 4.13　导数阶数取 0.1 时，牛顿黏壶、分形黏壶和 Abel 黏壶在动态荷载下的应变响应

由上图可以看到，在正弦形式的动态荷载下，牛顿黏壶的应变响应是余弦形式，即是振幅不变的周期性变化；分形黏壶的应变响应表现为周期性变化，且周期、相位均与牛顿黏壶的应变响应一致，但振幅不断衰减。下一个周期内的应变总是比上一个周期内的应变小，似乎是刚度在随时间不断增大。当阶数 α 较小时，分形黏壶的应变衰减速度也越快。Abel 黏壶与分形黏壶的应变响应基本相同，但分形黏壶的应变稍小。

不同导数阶数与时间步长下计算分形黏壶及 Abel 黏壶应变响应的 CPU 时间如表 4.8 所示，从表中可以看出，分形黏壶所需的计算时间大大短于 Abel 黏壶。也就是说，相较于 Abel 黏壶，分形黏壶展现出较高的计算效率。

表 4.8 分形黏壶及 Abel 黏壶的 CPU 时间

内容	分形黏壶			Abel 黏壶		
导数阶数	0.1	0.5	0.9	0.1	0.5	0.9
$\Delta t = 0.01$s	0.1258s	0.1356s	0.015067s	0.5029s	0.5004s	0.501391s
$\Delta t = 0.001$s	0.1333s	0.1333s	0.2240s	483.6862s	483.4233s	469.9336s

进一步研究分形黏壶的应力响应特征。类似地，为简单起见设置动态应变为一正弦函数

$$\varepsilon(t) = \hat{\varepsilon}\sin(2\pi f t) \tag{4.23}$$

式中，$\hat{\varepsilon}$ 是应变的振幅。分形黏壶的应力响应可以写成

$$\sigma = \frac{2\pi f \hat{\varepsilon} \eta}{\alpha} \cdot t^{1-\alpha} \cos(2\pi f t) \tag{4.24}$$

另外，Abel 黏壶以及牛顿黏壶的应力响应分别为

$$\sigma = \frac{2\pi f \hat{\varepsilon} \xi}{\Gamma(1-\beta)} \int_0^t \frac{\cos(2\pi f \tau)}{(t-\tau)^\beta} d\tau \tag{4.25}$$

$$\sigma = 2\pi f \hat{\varepsilon} \mu \cdot \cos(2\pi f t)$$

为方便起见，所有的相关参数设置为 1（$\eta = \mu = \xi = f = \hat{\sigma} = 1$），导数阶数为 0.7 和 0.5 时，分形黏壶、Abel 黏壶及牛顿黏壶的应力响应，见图 4.14 和图 4.15。

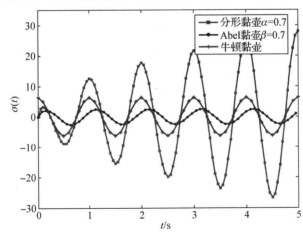

图 4.14 导数阶数为 0.7 时，分形黏壶、Abel 黏壶及牛顿黏壶的动态应力响应

从图 4.14 和图 4.15 可以看到，牛顿黏壶的动态应力响应是余弦函数形式的，而分形黏壶的应力响应是与牛顿黏壶同周期、同相位，振幅却不断增加的函数形式。导数阶数越小，分形黏壶的振幅越大，随时间增加越快。Abel 黏壶的应力响应是与前两者有相同周期，却有不同相位的函数形式，且其振幅不随时间而改变。

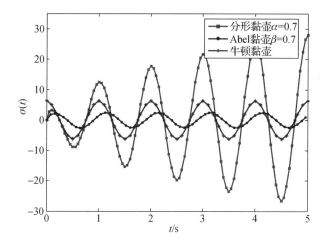

图4.15 导数阶数为0.5时,分形黏壶、Abel黏壶及牛顿黏壶的动态应力响应

4.3 豪斯道夫导数黏弹性模型

4.3.1 豪斯道夫导数黏弹性本构模型

将分形黏壶和弹簧元件串联即可得到豪斯道夫导数麦克斯韦模型,其基本控制方程为

$$\begin{cases} \sigma_e = E\varepsilon_e \quad \sigma_f = \eta \dfrac{\mathrm{d}\varepsilon_f}{\mathrm{d}t^\alpha} \\ \varepsilon = \varepsilon_e + \varepsilon_f \quad \sigma = \sigma_e = \sigma_f \end{cases} \quad (4.26)$$

式中,e 和 f 分别代表弹簧元件和分形黏壶;E 和 η 分别代表弹性模量和黏滞系数;α 表示豪斯道夫导数的阶数。该模型的本构方程可以写成

$$\dfrac{\mathrm{d}\varepsilon}{\mathrm{d}t^\alpha} = \dfrac{1}{E}\dfrac{\mathrm{d}\sigma}{\mathrm{d}t^\alpha} + \dfrac{\sigma}{\eta} \quad (4.27)$$

为了得到该模型的蠕变柔量和松弛模量,对式(4.27)进行尺度变换 $\hat{t}=t^\alpha$,将分形本构方程转化为传统的麦克斯韦模型的本构方程,可得豪斯道夫导数麦克斯韦模型的蠕变柔量和松弛模量为

$$J(t) = \dfrac{1}{E} + \dfrac{t^\alpha}{\eta} \quad (4.28)$$

$$G(t) = E\mathrm{e}^{-t^\alpha E/\eta} \quad (4.29)$$

类似地,我们也可以得到豪斯道夫导数开尔文模型的本构方程为

$$\dfrac{\mathrm{d}\varepsilon}{\mathrm{d}t^\alpha} + \dfrac{E}{\eta}\varepsilon = \dfrac{\sigma}{\eta} \quad (4.30)$$

其蠕变柔量和松弛模量分别为

$$J(t) = \frac{1}{E}(1-e^{-Et^{\alpha}/\eta}) \quad (4.31)$$

$$G(t) = E + \eta\delta(t^{\alpha}) \quad (4.32)$$

比较推导得到的蠕变柔量和分数阶麦克斯韦模型的蠕变柔量（表 4.9），我们可以发现这两种模型的蠕变柔量在形式上的相似性。从表 4.10 可以看出，传统的开尔文模型是豪斯道夫导数开尔文模型的一个特例，图 4.16 给出了这两个模型在相同参数下的对比情况。这些从理论上证明了分形导数黏弹性模型描述幂律依赖行为的可行性。

表 4.9　不同麦克斯韦模型的蠕变柔量和松弛模量对比

参量	传统麦克斯韦模型	豪斯道夫麦克斯韦模型	分数阶麦克斯韦模型
蠕变柔量	$J(t) = \frac{1}{E} + \frac{t}{\eta}$	$J(t) = \frac{1}{E} + \frac{t^{\alpha}}{\eta}$	$J(t) = \frac{1}{E} + \frac{t^{\beta}}{\eta\Gamma(1+\beta)}$
松弛模量	$G(t) = Ee^{-tE/\eta}$	$G(t) = Ee^{-t^{\alpha}E/\eta}$	$G(t) = EE_{\beta,1}\left(-\frac{E}{\eta}t^{\beta}\right)$

表 4.10　不同开尔文模型的蠕变柔量和松弛模量对比

参量	传统开尔文模型	豪斯道夫开尔文模型	分数阶开尔文模型
蠕变柔量	$J(t) = \frac{1}{E}(1-e^{-Et/\eta})$	$J(t) = \frac{1}{E}(1-e^{-Et^{\alpha}/\eta})$	$J(t) = \frac{1}{\eta}t^{\beta}E_{\beta,\beta+1}\left(-\frac{E}{\eta}t^{\beta}\right)$
松弛模量	$G(t) = E + \eta\delta(t)$	$G(t) = E + \eta\delta(t^{\alpha})$	$G(t) = E + \eta\frac{t^{-\beta}}{\Gamma(1-\beta)}$

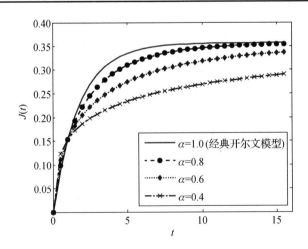

图 4.16　在相同参数条件下，经典开尔文模型与不同阶数豪斯道夫导数开尔文模型的蠕变柔量的对比图（$E=2.8$，$\eta=5$）

豪斯道夫导数 Zener 模型的结构示意图如图 4.17 所示，其本构方程可以描述为

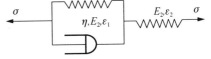

图 4.17 豪斯道夫导数 Zener 模型的结构示意图

$$E_1 E_2 \varepsilon + E_2 \eta \frac{\mathrm{d}\varepsilon}{\mathrm{d}t^\alpha} = (E_1 + E_2)\sigma + \eta \frac{\mathrm{d}\sigma}{\mathrm{d}t^\alpha} \quad (4.33)$$

相应的蠕变柔量和松弛模量分别为

$$G(t) = \frac{E_1 E_2}{E_1 + E_2} + \frac{E_2^2}{E_1 + E_2}\exp\left[-(E_1 + E_2)t^\alpha / \eta\right] \quad (4.34)$$

$$J(t) = \frac{1}{E_2} + \frac{1}{E_1}\left[1 - \exp(-E_1 t^\alpha / \eta)\right] \quad (4.35)$$

4.2 节所得的蠕变柔量和松弛模量，都是通过尺度变换获得的，下面我们对其进行严格的数学推导。

豪斯道夫导数定义式可做如下变换，即

$$\frac{\mathrm{d}f(t)}{\mathrm{d}t^\alpha} = \frac{\mathrm{d}f(t)}{\mathrm{d}t}\frac{\mathrm{d}t}{\mathrm{d}t^\alpha} = \frac{\dot{f}(t)}{\alpha t^{\alpha-1}} \quad (4.36)$$

以豪斯道夫导数麦克斯韦模型为例，其本构关系式（4.27）可以重新写成为

$$\frac{\dot{\varepsilon}}{\alpha t^{\alpha-1}} = \frac{1}{E}\frac{\dot{\sigma}}{\alpha t^{\alpha-1}} + \frac{\sigma}{\eta} \quad (4.37)$$

为推导得到蠕变柔量，假设荷载为一个常应力，则上式可以简化为

$$\frac{\dot{\varepsilon}}{\alpha t^{\alpha-1}} = \frac{\sigma}{\eta} \quad (4.38)$$

对式（4.38）两边进行积分，即

$$\int \dot{\varepsilon}\mathrm{d}t = \int \frac{\sigma}{\eta}\alpha t^{\alpha-1}\mathrm{d}t \quad (4.39)$$

再根据初始条件 $\varepsilon_0 = \sigma / E$，可以得到如式（4.28）所示的蠕变柔量。类似地，豪斯道夫导数麦克斯韦模型的松弛模量，豪斯道夫导数开尔文模型、Zener 模型的蠕变柔量和松弛模量都可以这样推导得到。

另外，通过尺度变换 $\hat{t} = t^\alpha$，传统模型松弛模量和蠕变柔量之间的关系式

$$\int_0^{\hat{t}} G(\hat{t}-s)J(s)\mathrm{d}s = \hat{t} \quad (4.40)$$

仍然满足已知蠕变柔量和松弛模量中的任意一个，便可得到另一个。

此外，分形导数麦克斯韦模型的松弛模量，豪斯道夫导数开尔文模型的蠕变柔量，豪斯道夫导数 Zener 模型的蠕变柔量和松弛模量分别与式（4.5）、式（4.7）、式（4.9）和式（4.12）对应，这说明豪斯道夫导数黏弹性模型可以很好地描述复杂黏弹性材料流变行为在时间尺度上幂律依赖现象。

4.3.2 试验数据拟合与尺度效应猜想

岩土材料由于其组分的多样性，可以被视为一种典型的黏弹性材料，并引起

了相关学者的广泛研究。Bagley 和 Torivk[19]在其研究中,将岩盐假定为黏弹性的,并研究了它的阻尼结构;Yin 等[20,21]将淤泥视为黏弹性的,并研究了它的时间依赖性质。

三轴试验是试验室用来测试岩土材料参数的常用试验。假设垂向应变 ε 只与偏应力 $\sigma_1-\sigma_3$ 有关,其应力-应变关系,只要将式(4.27)或式(4.30)中对应的 σ 替换成 $\sigma_1-\sigma_3$ 即可。目前已有许多学者研究了岩土材料的蠕变行为。为了验证式(4.27)或式(4.30)描述蠕变行为的可行性,我们将其用来拟合试验数据。拟合结果见图4.18(a)~(c)。从图中可以发现,豪斯道夫导数麦克斯韦模型与豪斯道夫导数开尔文模型都可以被用来拟合蠕变行为。

从图4.18和图4.19可见,在不同的时间尺度下,无论是豪斯道夫导数麦克斯韦模型还是豪斯道夫导数开尔文模型都可以较好地拟合试验数据,这证明了这两种模型在描述蠕变行为方面的可行性。此外,在描述蠕变现象时,这两种模型的豪斯道夫导数的阶数相当接近,可以视其为同一个数;而对于分数阶导数模型来说,不同分数阶导数模型的阶数的值相差颇大。由此可以大胆假设,豪斯道夫导数的阶数是与结构的分形维数相关联的。

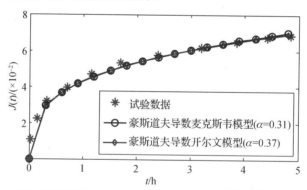

(a)冻土受载为σ_1=6.5MPa, σ_3=2.75MPa(试验数据摘自文献[22])

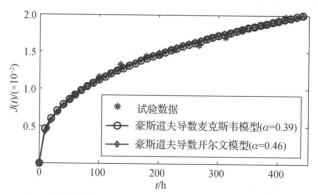

(b)盐岩受载为σ_1=28.7MPa, σ_3=7.18MPa(试验数据摘自文献[23])

图4.18 不同材料的蠕变试验拟合

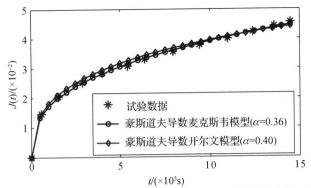

（c）岩盐受载为σ_1=21.4MPa, σ_3=0.7MPa（试验数据摘自文献[7]）

图 4.18（续）

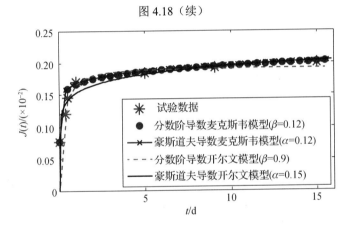

图 4.19 豪斯道夫导数模型与分数阶导数模型的对比（试验数据摘自文献[24]）

从图 4.19 中可以看出，与分数阶导数模型相比，豪斯道夫导数模型在不引入更多参数的条件下具有相同的拟合精度。然而，豪斯道夫导数算子是一个局部算子，描述更加复杂的加载时不会增加计算量和存储量。为证实这一结论，我们假设豪斯道夫导数麦克斯韦模型或开尔文模型承受荷载为

$$\sigma(t) = \sigma_1 \sin(2\pi f_1 t) + 2\sigma_1 \sin(4\pi f_1 t) \tag{4.41}$$

为了方便阐述，式（4.41）中的 σ_1 和 f_1 都设为1。荷载的豪斯道夫导数为

$$\frac{d\sigma}{dt^\alpha} = \frac{2\pi\cos(2\pi t) + 8\pi\cos(4\pi t)}{\alpha t^{\alpha-1}} \tag{4.42}$$

同理，荷载的分数阶导数可以写为

$$\frac{d^\beta \sigma}{dt^\beta} = (2\pi)^\beta \sin\left(2\pi t + \frac{\pi\beta}{2}\right) + 2(4\pi)^\beta \sin\left(4\pi t + \frac{\pi\beta}{2}\right) \tag{4.43}$$

在如式（4.41）所示的荷载作用下，分别计算豪斯道夫导数模型和分数阶导数模型的耗时。从表 4.11 和表 4.12 中我们可以发现在此荷载作用下，豪斯道夫导数模型

所需的计算时间远少于分数阶模型的计算时间。计算结果列于图 4.20 和图 4.21 中。

表 4.11 豪斯道夫导数和分数阶导数麦克斯韦模型的计算时间（$E=1$，$\eta=1$，加载时长 $T=8$）

麦克斯韦模型	阶数 $\alpha=\beta$	时间/s		
		$\Delta t=0.01$	$\Delta t=0.001$	$\Delta t=0.0001$
豪斯道夫导数	1	0.024	0.035	0.135
分数阶导数		0.041	1.448	135.666
豪斯道夫导数	0.9	0.023	0.038	0.149
分数阶导数		0.141	11.286	1118.027

表 4.12 豪斯道夫导数和分数阶导数开尔文模型的计算时间（$E=1$，$\eta=1$，加载时长 $T=8$）

开尔文模型	阶数 $\alpha=\beta$	时间/s		
		$\Delta t=0.01$	$\Delta t=0.001$	$\Delta t=0.0001$
豪斯道夫导数	1	0.023	0.031	0.096
分数阶导数		0.043	1.609	155.105
豪斯道夫导数	0.9	0.026	0.033	0.113
分数阶导数		0.137	11.478	1148.414

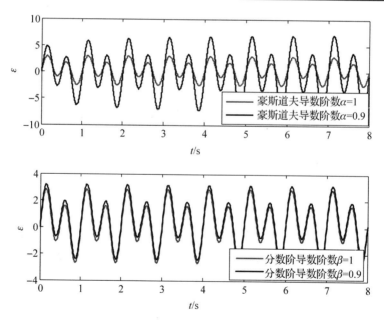

图 4.20 复杂荷载作用下豪斯道夫导数和分数阶导数麦克斯韦模型的响应

需要指出的是，豪斯道夫导数麦克斯韦模型与分数阶导数麦克斯韦模型的蠕变柔量在形式上的相似性，为通过尺度变换来研究分数阶导数的阶数的意义提供了新的思路，具有较好的应用前景。传统开尔文模型为豪斯道夫开尔文模型的一个特例。通过尺度变换的方法，豪斯道夫导数模型在传统模型和分数阶导数模型之间构建了一座桥梁。

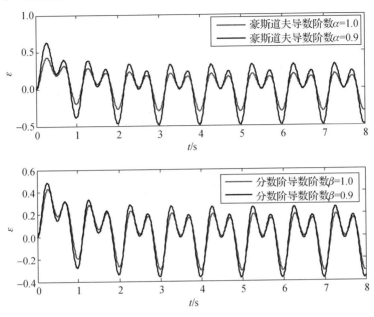

图 4.21　复杂荷载作用下豪斯道夫导数和分数阶导数开尔文模型的响应

参 考 文 献

[1] VLAD M O, METZLER R, NONNENMACHER T F, et al. Universality classes for asymptotic behavior of relaxation processes in systems with dynamical disorder: Dynamical generalizations of stretched exponential[J]. Journal of Mathematical Physics, 1996, 37(5): 2279-2306.

[2] DIETERICH W, MAASS P. Non-Debye relaxations in disordered ionic solids[J]. Chemical physics, 2002, 284(1): 439-467.

[3] WILLIAMS G, WATTS D C. Non-symmetrical dielectric relaxation behaviour arising from a simple empirical decay function[J]. Transactions of the Faraday Society, 1970, 66: 80-85.

[4] NUTTING P. A new general law of deformation[J]. Journal of the Franklin Institute, 1921, 191(5): 679-685.

[5] 蔡伟. 幂律黏弹性力学行为的分数阶导数和分形导数建模研究[D]. 南京: 河海大学, 2016.

[6] FANG X J, XU Y C, SHI T Y, et al. Stress and continuous relaxation spectrum of porcine cornea after LASIK[J]. International Journal of Ophthalmology, 2007, 1(2): 113-116.

[7] CRISTESCU N D. A general constitutive equation for transient and stationary creep of rock salt[J]. International Journal of Rock Mechanics and Mining Sciences and Geomechanics Abstracts. Pergamon, 1993, 30(2): 125-140.

[8] HUMMEL A, WESCHE K, BRAND W, et al. Versuche über das kriechen unbewehrten betons: der einfluss der zementart, des Wasser-Zement-Verhältnisses und des belastungsalters auf das kriechen von beton[M]. Berlin: Wilhelm Ernst and Sohn, 1962.

[9] 王志俭，殷坤龙，简文星，等. 万州安乐寺滑坡滑带土松弛试验研究[J]. 岩石力学与工程学报，2008，27(5)：931-937.

[10] CHEN W, SUN H, ZHANG X, et al. Anomalous diffusion modeling by fractal and fractional derivatives[J]. Computers and Mathematics with Applications, 2010, 59(5): 1754-1758.

[11] SUN H, MEERSCHAERT M M, ZHANG Y, et al. A fractal Richards' equation to capture the non-Boltzmann scaling of water transport in unsaturated media [J]. Advances in Water Resources, 2013, 52: 292-295.

[12] LIANG Y, ALLEN Q Y, CHEN W, et al. A fractal derivative model for the characterization of anomalous diffusion in magnetic resonance imaging[J]. Communications in Nonlinear Science and Numerical Simulation, 2016, 39: 529-537.

[13] CAI W, CHEN W, XU W. Characterizing the creep of viscoelastic materials by fractal derivative models[J]. International Journal of Non-Linear Mechanics, 2016, 87:58-63.

[14] SU X, CHEN W, XU W. Characterizing the rheological behaviors of non-Newtonian fluid via a viscoelastic component: Fractal dashpot[J]. Advances in Mechanical Engineering, 2017, 9(10):1-12.

[15] WANG C, ZHOU H, HAN B, et al. A creep constitutive model for salt rock based on fractional derivatives[J]. International Journal of Rock Mechanics and Mining Sciences, 2011, 48(1): 116-121.

[16] 陈文. 力学与工程问题的分数阶导数建模[M]. 北京：科学出版社，2010.

[17] 苏祥龙，许文祥，陈文. 基于分形导数对非牛顿流体层流的数值研究[J]. 力学学报，2017，49(5)：1020-1028.

[18] 苏祥龙. 分形及分数阶导数的黏弹性流变模型研究[D]. 南京：河海大学，2017.

[19] BAGLEY R L, TORVIK J. Fractional calculus-A different approach to the analysis of viscoelastically damped structures[J]. AIAA Journal, 1983, 21(5): 741-748.

[20] YIN D, ZHANG W, CHENG C, et al. Fractional time-dependent Bingham model for muddy clay[J]. Journal of Non-Newtonian Fluid Mechanics, 2012,(187-188): 32-35.

[21] YIN D S, LI Y Q, WU H, et al. Fractional description of mechanical property evolution of soft soils during creep[J]. Water Science and Engineering, 2013, 6(4): 446-455.

[22] 张向东，张树光，李永靖，等. 冻土三轴流变特性试验研究与冻结壁厚度的确定[J]. 岩石力学与工程学报，2004，23(3)：395-400.

[23] YANG C, DAEMEN J J K, YIN J H. Experimental investigation of creep behavior of salt rock[J]. International Journal of Rock Mechanics and Mining Sciences, 1999, 36(2): 233-242.

[24] 殷德顺，任俊娟，和成亮，等. 一种新的岩土流变模型元件[J]. 岩石力学和工程学报，2007, 26 (9): 1899-1903.

第五章 豪斯道夫导数阻尼振动和耗散声波模型

5.1 豪斯道夫导数振动模型

5.1.1 经典阻尼振动模型

阻尼振动是指振子在振动过程中受到外部阻尼作用。传统的阻尼振动采用黏滞阻尼模型,这种阻尼模型适用于黏性介质。如图5.1所示,阻尼振动系统由振子 m、弹性元件 k、阻尼元件 c 组成[1,2]。在描述外部阻尼时,人们通常使用黏滞阻尼模型。

黏滞阻尼模型是工程中进行结构振动分析时最常用的阻尼模型,一般认为阻尼力与振子的振动速度呈正比。黏滞阻尼振动方程为

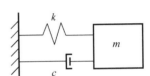

图 5.1 阻尼振动系统

$$M\ddot{x} + C\dot{x} + Kx = F(t) \tag{5.1}$$

式中,M、C、K 和 x 分别为质量矩阵、阻尼矩阵、刚度矩阵和振子位移。

5.1.2 豪斯道夫导数阻尼振动模型

分形是广泛存在于物质空间结构和物理过程时间演化中的自相似现象。许多工程材料具有分形结构,如多孔材料、泡沫材料、土体和岩石等。豪斯道夫导数可由尺度变换得到,用于描述分形尺度下的力学行为[3,4]。利用豪斯道夫导数可以描述分形介质的材料阻尼,因此将豪斯道夫导数引入阻尼振动方程,用于建立阻尼振动模型,描述具有分形结构的介质阻尼。豪斯道夫导数(分形导数)阻尼振动方程

$$m\ddot{x} + c\frac{\mathrm{d}x}{\mathrm{d}t^p} + kx = f(t) \quad 0 < \eta < 2 \tag{5.2}$$

式中,p 为豪斯道夫导数的阶数。

研究表明,时间分数阶导数包含积分卷积算子[5-7],也可以表征力学过程的历史依赖性,是描述记忆性过程的有力数学工具。本章将数值比较豪斯道夫导数和分数阶导数阻尼振动模型描述的振子的阻尼振动过程[8]。已知分数阶导数阻尼振动方程可以记为

$$m\ddot{x} + c\frac{\mathrm{d}^p x}{\mathrm{d}t^p} + kx = f(t) \tag{5.3}$$

式中,p 为分数阶导数的阶数(为比较方便将导数的阶数用同一物理量表示)。

算例 5.1 $m=2.5\times 10^5 \text{kg}$，$c=6.5\times 10^5 \text{N}\cdot\text{s}^p/\text{m}$，$k=1.2\times 10^8 \text{N/m}$，$u(0)=0$，$u'(0)=0$，考虑加载一段时间的简谐荷载 $f(t)=\begin{cases} 6\times 10^8 \sin(30t) & 0\leqslant t\leqslant 0.1 \\ 0 & t>0.1 \end{cases}$ (N)，得到图 5.2～图 5.9 中不同豪斯道夫导数和分数阶导数阶数时的阻尼振动模型比较。

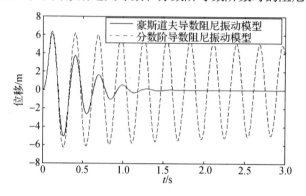

图 5.2　0.3 阶豪斯道夫导数和分数阶导数的阻尼振动模型比较

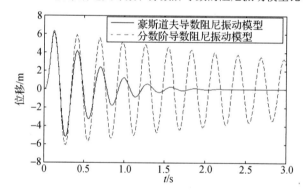

图 5.3　0.5 阶豪斯道夫导数和分数阶导数的阻尼振动模型比较

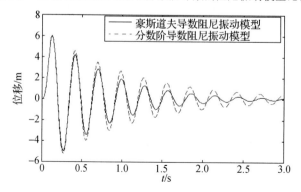

图 5.4　0.9 阶豪斯道夫导数和分数阶导数的阻尼振动模型比较

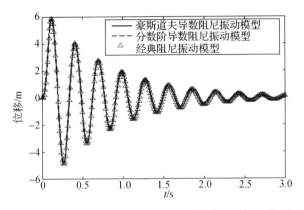

图 5.5　0.99 阶豪斯道夫导数和分数阶导数的阻尼振动模型比较

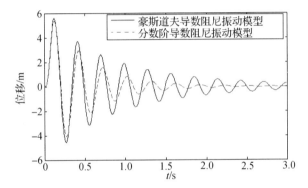

图 5.6　1.2 阶豪斯道夫导数和分数阶导数的阻尼振动模型比较

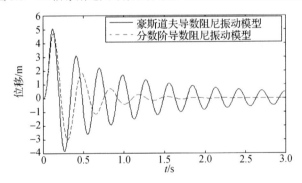

图 5.7　1.5 阶豪斯道夫导数和分数阶导数的阻尼振动模型比较

由图 5.2～图 5.9 可知，豪斯道夫导数和分数阶导数模型都表现出阻尼振动过程，其中当导数阶数小于 1 时和大于 1.9 时，豪斯道夫导数模型所描述的振动过程衰减快于分数阶导数模型（图 5.2～图 5.4 和图 5.8～图 5.9）；当导数阶数在 1～1.5 时，分数阶导数模型所描述的振动过程衰减快于豪斯道夫导数模型（图 5.6～图 5.7）；当导数阶数趋近于 1 时，分数阶导数模型与豪斯道夫导数模型所描述的振动过程相同,都退化为黏滞阻尼振动模型(图 5.5)。此外,当导数阶数趋向于 2 时,豪斯道夫导数模型与分数阶导数模型所描述的阻尼振动过程完全不同,分数阶导数模型趋向于无阻尼振动,而豪斯道夫导数模型对应的振动过程仍具有明显的衰减(图 5.9)。

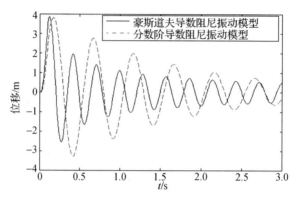

图 5.8 1.9 阶豪斯道夫导数和分数阶导数的阻尼振动模型比较

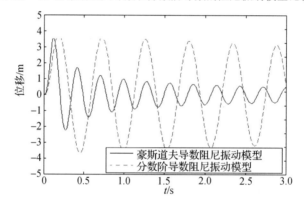

图 5.9 1.99 阶豪斯道夫导数和分数阶导数的阻尼振动模型比较

5.1.3 豪斯道夫导数 Duffing 振子模型

本节采用数值模拟的方法比较具有分数阶导数阻尼和豪斯道夫导数阻尼的非线性 Duffing 振子在简谐荷载激励下的动力响应,比较分析分数阶导数 Duffing 振子和豪斯道夫导数 Duffing 振子[8],如式(5.4)和式(5.5)所示,即

$$m\ddot{x} + c\frac{\mathrm{d}^p x}{\mathrm{d}t^p} + k_1 x + k_2 x^3 = f(t) \tag{5.4}$$

$$m\ddot{x} + c\frac{\mathrm{d}x}{\mathrm{d}t^p} + k_1 x + k_2 x^3 = f(t) \tag{5.5}$$

式中,k_1 和 k_2 为 Duffing 振子的刚度系数,数值算例如下。

算例 5.2 $m=1\times10^6$ kg,$c=4.5\times10^5$ N·s^p/m,$k_1=1\times10^6$ N/m,$k_2=6\times10^5$ N/m,$u(0)=0$m,

$u'(0)=0$m/s,考虑简谐荷载激励 $f(t)=6\times10^5\cos0.5t$ (N),得到不同豪斯道夫导数和分数阶导数 Dufling 振子比较和位移响应,如图 5.10~图 5.17 所示。

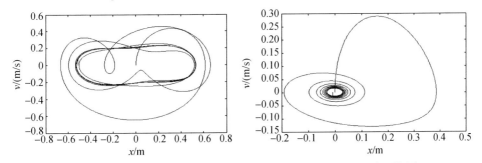

(a) 0.3 阶分数阶导数(左图)和豪斯道夫导数(右图)Duffing 振子相图

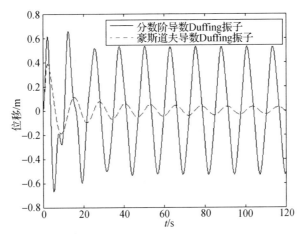

(b) 0.3 阶豪斯道夫导数和分数阶导数 Duffing 振子位移响应

图 5.10 0.3 阶豪斯道夫导数和分数阶导数 Duffing 振子比较

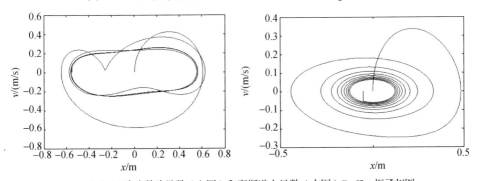

(a) 0.5 阶分数阶导数(左图)和豪斯道夫导数(右图)Duffing 振子相图

图 5.11 0.5 阶豪斯道夫导数和分数阶导数 Duffing 振子比较

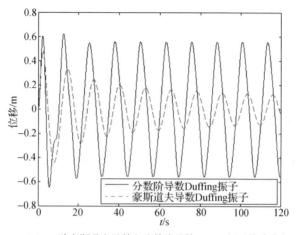

(b) 0.5阶豪斯道夫导数和分数阶导数Duffing振子位移响应

图 5.11（续）

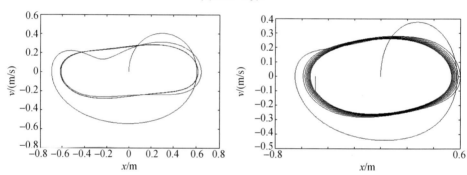

（a）0.8阶分数阶导数（左图）和豪斯道夫导数（右图）Duffing振子相图

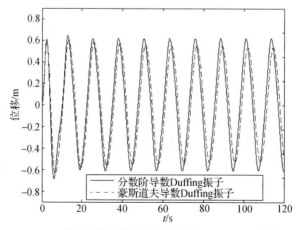

（b）0.8阶豪斯道夫导数和分数阶导数Duffing振子位移响应

图 5.12 0.8 阶豪斯道夫导数和分数阶导数 Duffing 振子比较

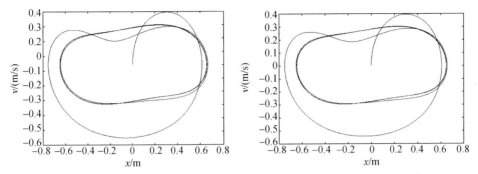

（a）0.99阶分数阶导数（左图）和豪斯道夫导数（右图）Duffing振子相图

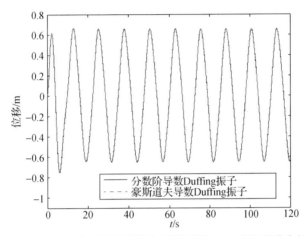

（b）0.99阶豪斯道夫导数和分数阶导数Duffing振子位移响应

图 5.13　0.99 阶豪斯道夫导数和分数阶导数 Duffing 振子比较

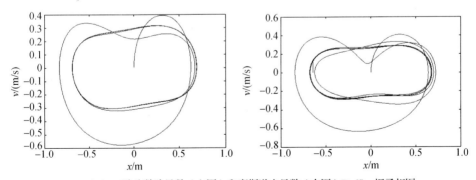

（a）1.2阶分数阶导数（左图）和豪斯道夫导数（右图）Duffing振子相图

图 5.14　1.2 阶豪斯道夫导数和分数阶导数 Duffing 振子比较

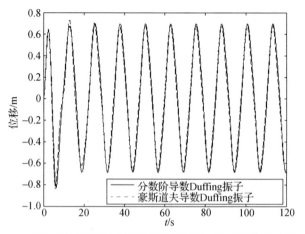

(b) 1.2阶豪斯道夫导数和分数阶导数Duffing振子位移响应

图 5.14（续）

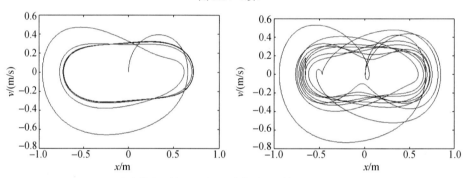

(a) 1.5阶分数阶导数（左图）和豪斯道夫导数（右图）Duffing振子相图

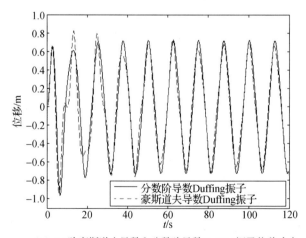

(b) 1.5阶豪斯道夫导数和分数阶导数Duffing振子位移响应

图 5.15　1.5 阶豪斯道夫导数和分数阶导数 Duffing 振子比较

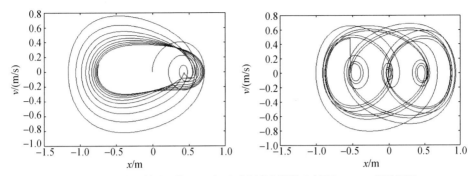

(a) 1.9阶分数阶导数(左图)和豪斯道夫导数(右图)Duffing振子相图

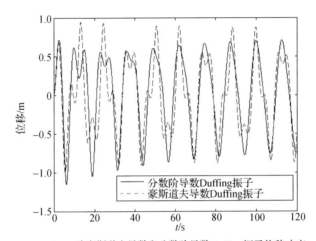

(b) 1.9阶豪斯道夫导数和分数阶导数Duffing振子位移响应

图 5.16 1.9 阶豪斯道夫导数和分数阶导数 Duffing 振子比较

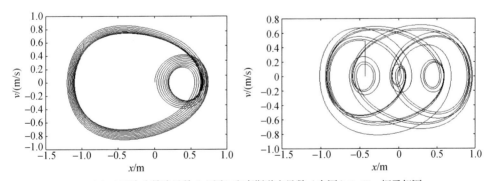

(a) 1.99阶分数阶导数(左图)和豪斯道夫导数(右图)Duffing振子相图

图 5.17 1.99 阶豪斯道夫导数和分数阶导数 Duffing 振子比较

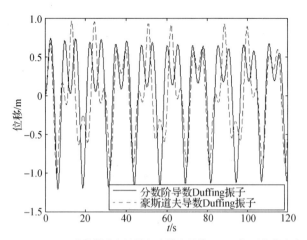

(b) 1.99阶豪斯道夫导数和分数阶导数Duffing振子位移响应

图 5.17（续）

由图 5.10～图 5.17 可知，当导数阶数小于 0.5 时，豪斯道夫导数 Duffing 振子表现出明显的振动衰减过程，并最终应趋向于周期振动；当导数阶数在 0.8～1.5 时，豪斯道夫导数 Duffing 振子趋向于近似的简谐振动，并且阶数在 0.8～1.2 时，豪斯道夫导数与分数阶导数 Duffing 振子的响应非常相似。当导数阶数大于 1.9 时，豪斯道夫导数 Duffing 振子的振动过程趋向于非简谐周期振动。导数阶数小于 1.9 时，分数阶导数 Duffing 振子首先产生非周期振动，随后趋向于近似的简谐振动，并且导数阶数接近 1.9 时非周期振动时间明显增加。当导数阶数接近 2 时，分数阶导数 Duffing 振子的振动过程由非周期振动趋向于非简谐周期振动。

5.2 豪斯道夫导数耗散声波模型

5.2.1 豪斯道夫导数耗散声波方程

第四章提出了一种刻画黏性幂律变化的分形黏壶的概念。根据建立黏弹性波方程的研究思路，本节从分形黏壶本构出发，推导了几类波动方程。

1. 基于分形黏壶 $\sigma = \eta \dfrac{\partial \varepsilon}{\partial t^p}$ 的豪斯道夫导数扩散-波方程

$$\frac{\partial^2 u}{\partial t^2} = \frac{\eta}{\rho} \frac{\partial^2}{\partial x^2} \frac{\partial u}{\partial t^p} \tag{5.6}$$

当 $p=1$ 时，此方程可退化为经典的扩散方程，与文献[9]中所提的分形扩散方程具有相似的形式。

2. 基于豪斯道夫导数麦克斯韦模型的波方程

$$\frac{\rho}{E}\frac{\partial}{\partial t^p}\frac{\partial^2 u}{\partial t^2} + \frac{\rho}{\eta}\frac{\partial^2 u}{\partial t^2} = \frac{\partial}{\partial t^p}\frac{\partial^2 u}{\partial x^2} \qquad (5.7)$$

当 $p=1$ 时，此方程可退化为经典的阻尼波方程。

3. 基于豪斯道夫导数开尔文模型的波方程

$$\nabla^2 u - \frac{1}{c_0^2}\frac{\partial u^2}{\partial t^2} + \tau\frac{\partial}{\partial t^p}(\nabla^2 u) = 0 \qquad (5.8)$$

当 $p=1$ 时，此方程可退化为经典的热黏性波方程。

5.2.2 数值算例

假设波动方程（5.8）具有初边值条件为

$$\begin{cases} u(0, t) = 0, \ u(1, t) = 0 & 0 \leqslant x \leqslant 1 \\ u(x, 0) = x(x-1) & \partial_t u(x, 0) = 0, \ 0 \leqslant t \leqslant 1 \end{cases} \qquad (5.9)$$

将上式进行数值模拟，并比较其与分数阶开尔文波动方程的结果。从图 5.18（a）和（b）中可以看出，对于豪斯道夫导数模型，其固定点的振幅在任意时刻都是严格随阶数增大而衰减的；而对于分数阶模型来说，前半程与后半程的衰减变化规律恰好相反，此现象难以正常解释。

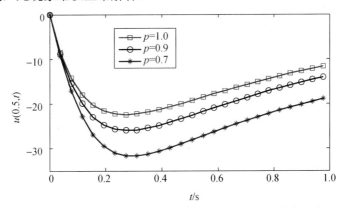

（a）豪斯道夫导数模型中间位置点的位移随时间变化关系

图 5.18 豪斯道夫导数和分数阶导数模型中间位置点随时间变化关系

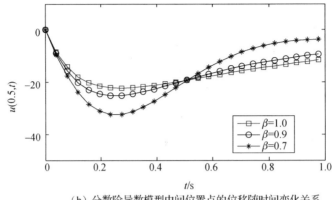

(b)分数阶导数模型中间位置点的位移随时间变化关系

图 5.18(续)

5.2.3 豪斯道夫声波模型的医学超声成像应用

临床振幅/波速重构成像(clinical amplitude/velocity reconstruction imaging, CARI)技术早期被用于检测乳腺癌。这方面最早的工作可以追溯到 Richter 医生的原创性工作,即通过振幅或者波速的变化来反映人体组织内部的结构变化[10,11]。目前,由于其便捷性和安全性[12,13],已成为一种广受欢迎的检测技术,其检测装置的示意图如图 5.19 所示。

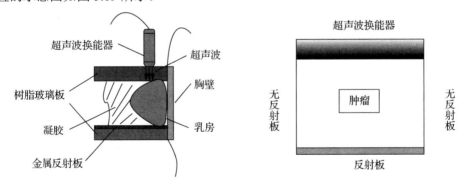

图 5.19 CARI 装置示意图(摘自文献[14])

声波从传感器中发出,并传播穿过可能含有肿瘤的人体组织,最终抵达反射板(两侧为无反射板)。反射板的声压分布可以反映出人体组织内部的情况:如果发射板声压是一条直线,那说明内部组织无肿瘤;如果反射板声压先有起伏,则表明内部组织出现病变,也就是说声压幅值在判断有无肿瘤方面起关键作用,它不仅能反应肿瘤的存在与否,还能表征肿瘤的大小和个数。

人体组织通常可视为黏弹性材料来研究。研究学者通过阻尼波动方程来刻画人体组织中声波传播的现象[14-16]。考虑到豪斯道夫导数开尔文波动方程和分数阶导数开尔文方程形式上的类似性,本章主要将 5.2.2 节中提出的豪斯道夫导数开尔文波动方程应用于 CARI 中, 验证其可行性, 并与分数阶开尔文波动方程结果进行比较[17,18]。

分形导数耗散项的离散格式为

$$\frac{\partial(\nabla^2 u)}{\partial t^{p-1}} = \frac{1}{(t^{i+1})^{p-1}-(t^i)^{p-1}} \left(\frac{u_{m+1,n}^{i+1}-2u_{m,n}^{i+1}+u_{m-1,n}^{i+1}}{\Delta x^2} - \frac{u_{m+1,n}^{i}-2u_{m,n}^{i}+u_{m-1,n}^{i}}{\Delta x^2} \right.$$

$$\left. + \frac{u_{m,n+1}^{i+1}-2u_{m,n}^{i+1}+u_{m,n-1}^{i+1}}{\Delta y^2} - \frac{u_{m,n+1}^{i}-2u_{m,n}^{i}+u_{m,n-1}^{i}}{\Delta y^2} \right) \quad (5.10)$$

采用 Crank-Nicholson 差分格式对豪斯道夫导数波动方程进行离散，记作

$$\frac{1}{c_0^2} \frac{u_{m,n}^{i+1}-2u_{m,n}^{i}+u_{m,n}^{i-1}}{\Delta t^2} - \tau^{p-1} \frac{\partial(\nabla^2 u)}{\partial t^{p-1}}$$

$$= \frac{1}{2} \left(\frac{u_{m+1,n}^{i+1}-2u_{m,n}^{i+1}+u_{m-1,n}^{i+1}}{\Delta x^2} + \frac{u_{m,n+1}^{i+1}-2u_{m,n}^{i+1}+u_{m,n-1}^{i+1}}{\Delta y^2} \right.$$

$$\left. + \frac{u_{m+1,n}^{i}-2u_{m,n}^{i}+u_{m-1,n}^{i}}{\Delta x^2} + \frac{u_{m,n+1}^{i}-2u_{m,n}^{i}+u_{m,n-1}^{i}}{\Delta y^2} \right) \quad (5.11)$$

由于人体组织暴露在空气中，根据图 5.19 所示，设定其初始条件为

$$u(x, y, 0)=0, \quad \frac{\partial u(x, y, 0)}{\partial t}=0 \quad (5.12)$$

反射边界和非反射边界的边界条件分别为

$$\frac{\partial u(x, y, t)}{\partial n}=0 \quad (5.13)$$

$$\frac{\partial u(x, y, t)}{\partial n}=-\frac{\partial u(x, y, t)/\partial t}{c_0} \quad (5.14)$$

假设入射波的控制方程为

$$u(x, y, t)\big|_{x=0} = \frac{\cos(\omega t)}{2}\left(1+\cos\frac{\omega t}{4}\right) \quad (5.15)$$

式中，ω 是入射波的中心频率。

算例 5.3 假设有一个 5 mm×10 mm 大小的正常组织，其中可能有大小不一的肿瘤存在。我们选择时间步长为 $\Delta t = 2.6667\times10^{-2}$ μs，空间网格大小 $\Delta x = 0.05$ mm 并且 $\Delta y = 0.1$ mm，中心频率的大小 $\omega = 3.75$ MHz。同时，为了方便与分数阶开尔文模型比较，设定 $\tau^{p-1} = 2\alpha_0 c_0 /\sin[(p-1)\pi]$。超声波从传感器出发后，将在 3.4μs 后到达反射板。肿瘤和正常组织的各个参数值如表 5.1 所示。

表 5.1 正常组织和肿瘤的各个参数值（摘自文献[14,15]）

内容	正常组织	肿瘤
速度/(m/s)	1475	1527
衰减系数 α_0	15.8/$(2\pi)^{1.7}$	57.0/$(2\pi)^{1.3}$
p	1.7	1.3

图 5.20（a）反映了 3.4μs 时，无肿瘤存在情况下的声压空间分布图，而图 5.20（b）显示了肿瘤中心位置位于（2.5，5），且大小为 2.5mm×5mm 时的声压空间分布图。比较图 5.20（a）和（b），可以很容易地辨识出有无肿瘤。从图 5.21 中可以看出，单个肿瘤存在时反射板上的声压曲线，对于无肿瘤区域是一条直线，而对于有肿瘤的区域是一条有突起的曲线。肿瘤的大小与反射板上声压曲线突起的大小是相对应的。

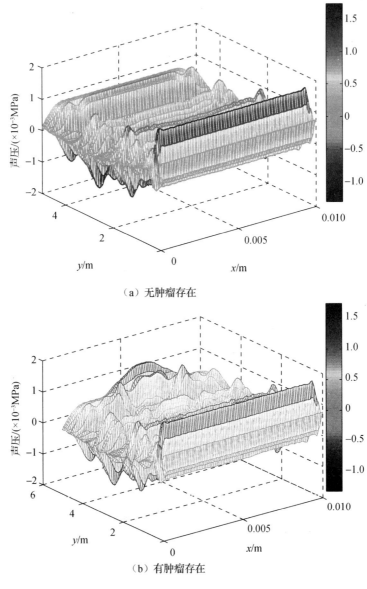

(a) 无肿瘤存在

(b) 有肿瘤存在

图 5.20　声压的空间分布图

我们也测试了人体组织中包含两个肿瘤时的情形。首先，考虑4组试验对象，每组对象中包含两个肿瘤，它们关于 x 轴呈对称分布，但是每组肿瘤的大小和位置都是不同的，如图 5.22 所示；随后，研究了肿瘤非对称分布的情况，如图 5.23 所示。可以得出的结论是，肿瘤的大小、位置和数量与反射板上声压曲线突起的大小、位置和数量是相对应的。

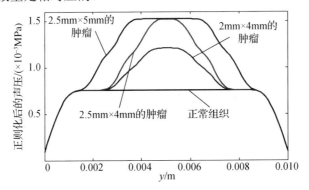

图 5.21　单个肿瘤存在时反射板处的声压曲线

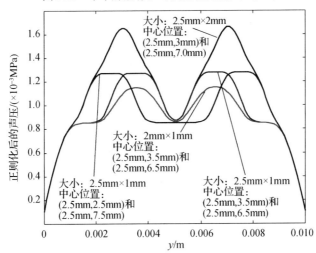

图 5.22　存在对称分布的肿瘤时反射板声压曲线图

随后，我们探究了不同的人体组织对声波传播的影响。假设肿瘤的性质保持不变，而不同正常组织的参数 p 发生变化。从图 5.24 中可以发现，参数 p 可以作为刻画声波衰减的一个参数，即 p 越大，则衰减越大。如果正常组织（$p=1.2$ 或 $p=1.5$）和肿瘤组织（$p=1.3$）的性质相近，那么最后在反射板上得到的声压大小也相近；如果正常组织（$p=1.8$）与肿瘤组织（$p=1.3$）的性质相差很远，则反射板上呈现出一个明显的声压降，即发生了更大的衰减。

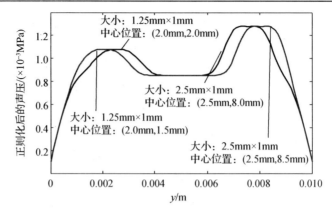

图 5.23 存在非对称分布的肿瘤时,反射板声压曲线图

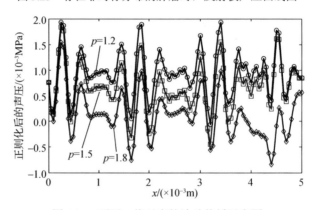

图 5.24 不同 p 值对应的波动传播示意图

最后,我们比较了豪斯道夫导数开尔文模型和分数阶导数开尔文模型的数值模拟结果。从图 5.25 中可以看出,在相同的参数条件下,豪斯道夫导数模型描述的衰减更大。表 5.2 则反映了豪斯道夫导数模型的计算量远小于分数阶导数模型的计算量,所得结果都是在相同计算条件下获得的。

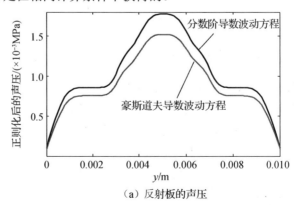

(a) 反射板的声压

图 5.25 豪斯道夫导数波动模型与分数阶导数波动模型的对比度

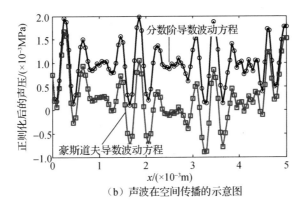

(b）声波在空间传播的示意图

图 5.25（续）

表 5.2　豪斯道夫导数和分数阶导数开尔文模型计算消耗的 CPU 时间

模型	豪斯道夫导数波模型	分数阶导数波模型
CPU 时间/s	1.43	572.71

参 考 文 献

[1] 蔡峨. 黏弹性材料基础[M]. 北京：北京航空航天大学出版社，1989.

[2] 杨挺青. 黏弹性力学[M]. 武汉：华中理工大学出版社，1990.

[3] CHEN W. Time-space fabric underlying anomalous diffusion[J]. Chaos, Solitons and Fractals, 2006, 28: 923-929.

[4] KANNO R. Representation of random walk in fractal space time[J]. Physica A, 1998, 248: 165-175.

[5] PODLUBNY I. Fractional differential equations[M]. San Diego: Academic Press, 1999.

[6] ADOLFSSON K, ENELUND M, OLSSON P. On the fractional order model of viscoelasticity[J]. Mechanics of Time-Dependent Materials, 2005, 9: 15-34.

[7] CAPUTO M, MAINARDI F. A new dissipation model based on memory mechanism[J]. Pure and Applied Geophysics, 1971, 91(1): 134-147.

[8] 张晓棣. 医学超声和振动中频率依赖耗散的分数阶导数模型研究[D]. 南京：河海大学，2012.

[9] CHEN W, SUN H, ZHANG X, et al. Anomalous diffusion modeling by fractal and fractional derivatives[J]. Computers and Mathematics with Applications, 2010, 59(5): 1754-1758.

[10] RICHTER K. Technique for detecting and evaluating breast lesions[J]. Journal of Ultrasound in Medicine, 1994, 13(10): 797-802.

[11] RICHTER K. Clinical amplitude/velocity reconstructive imaging (CARD): A new sonographic method for detecting breast lesions[J]. The British Journal of Radiology, 1995, 68(808): 375-384.

[12] SZABO T L. Diagnostic ultrasound imaging: Inside out[M]. Burlington: Academic Press, 2004.

[13] WELLS P N. Current status and future technical advances of ultrasonic imaging[J]. IEEE Engineering in Medicine and Biology, 2000, 19(5): 14-20

[14] BOUNAÏM A, HOLM S, CHEN W, et al. Sensitivity of the ultrasonic CARI technique for breast tumor detection

using a FETD scheme[J]. Ultrasonics, 2004, 42(1): 919-925.

[15] CAPUTO M, CARCIONE J M, CAVALLINI F. Wave simulation in biologic media based on the Kelvin-Voigt fractional-derivative stress-strain relation[J]. Ultrasound in Medicine and Biology, 2011, 37(6): 996-1004.

[16] CAI W, CHEN W, FANG J, et al. A survey on fractional derivative modeling of power-law frequency-dependent viscous dissipative and scattering attenuation in acoustic wave propagation[J]. Applied Mechanics Reviews, 2018. 70(3): 030802.

[17] CAI W, CHEN W, XU W. The fractal derivative wave equation: Application to clinical amplitude/velocity reconstruction imaging[J]. The Journal of the Acoustical Society of America. 2018, 143 (3):1559-1566.

[18] 蔡伟. 幂律黏弹性力学行为的分数阶导数和豪斯道夫导数建模研究[D]. 南京：河海大学.

第六章 豪斯道夫导数的统计描述和熵

描述反常扩散的微分方程往往是一个确定性模型，但其基本解往往是一个统计分布，模型的参数可以刻画系统内的复杂程度，即不确定性。换个角度而言，一个系统的不确定性可以采用统计方法并结合熵理论来进行定量描述。熵是定量描述随机系统不确定性和复杂程度的物理量。熵越大，表明系统不可知的信息越多，系统越复杂；反之，则越少且越简单。本章一方面根据时空豪斯道夫导数扩散模型，推导了豪斯道夫在频率空间的衰减模型，考察了衰减信号的变化趋势，进而给出了豪斯道夫衰减模型对应的谱熵，并分析了谱熵的基本性质；另一方面，从统计的角度可知，伸展高斯分布是时空豪斯道夫导数扩散模型的基本解，从而分析了伸展高斯分布概率密度函数和累积分布函数的基本特征。

6.1 豪斯道夫衰减模型

6.1.1 衰减模型

基于时空豪斯道夫分形导数扩散方程，推导其对应的衰减模型。豪斯道夫导数扩散模型的表达式[1]为

$$\frac{\partial p(x,t)}{\partial t^\alpha} = D_{\alpha,\beta} \frac{\partial}{\partial x^\beta}\left[\frac{\partial p(x,t)}{\partial x^\beta}\right] \tag{6.1}$$

式中，$p(x,t)$为扩散传播子，即$p(x,t)$是粒子在时间t，空间上位于以x为中心无限小邻域的概率密度函数，初值$p(x,t)=\delta(x)$；$D_{\alpha,\beta}$为广义扩散系数（m^β/s^α）。式（6.1）中，空间和时间豪斯道夫导数的定义[2]分别为

$$\frac{\partial p(x,t)}{\partial x^\beta} = \lim_{x_1 \to x} \frac{p(x_1,t)-p(x,t)}{x_1^\beta - x^\beta} \tag{6.2}$$

$$\frac{\partial p(x,t)}{\partial t^\alpha} = \lim_{t_1 \to t} \frac{p(x,t_1)-p(x,t)}{t_1^\alpha - t^\alpha} \tag{6.3}$$

式（6.1）中分形导数的阶数$0<\alpha\leq 1$、$0<\beta\leq 1$。式（6.1）是经典扩散方程的推广。当$\alpha=1$、$\beta=1$时，式（6.1）退化为经典的扩散方程；当$\alpha=1$时，式（6.1）称为空间豪斯道夫导数扩散方程；当$\beta=1$时，式（6.1）称为时间豪斯道夫导数扩散方程。时空尺度变化的定义[2]为

$$\begin{cases} \hat{t} = t^\alpha \\ \hat{x} = x^\beta \end{cases} \quad (6.4)$$

可见式（6.4）是一个时空尺度变换。文献[3]中也给出了类似的定义。该尺度变换基于两个假设：分形不变性和分形等价性[2]，即分形变换不破坏物理规律，且分形时空变换的扭曲程度与非高斯扩散过程的反常程度等价。采用该尺度变换，可以将式（6.1）还原为分形时空下的高斯扩散方程，即

$$\frac{\partial p(x,t)}{\partial \hat{t}} = D_{\alpha,\beta} \frac{\partial^2 p(x,t)}{\partial \hat{x}^2} \quad (6.5)$$

式（6.5）的特征函数 $p(k,t)$ 为伸展指数函数[2]，是一个随波数和时间变化的衰减模型，即

$$p(k,t) = \exp(-D_{\alpha,\beta} k^{2\beta} t^\alpha) \quad (6.6)$$

当 $\alpha=1$ 时，式（6.6）退化为经典的指数衰减模型。通常将式（6.6）称为豪斯道夫衰减，也被称为非德拜衰减[4]、伸展松弛[5]或 K-W-W 伸展指数衰减[6]，其统计力学基础非常清晰，与分数阶导数的列维分布[7]和 M-L 函数[8]衰减的统计背景完全不同。

图 6.1 给出了豪斯道夫衰减模型对应信号随波数变化的衰减曲线，其中时间豪斯道夫导数 $\alpha=1$、时间 $t=1$、扩散系数 $D_{\alpha,\beta}=1$、空间豪斯道夫导数 β 的取值分别为 0.4、0.6、0.8 和 1.0。由图 6.1 可见，空间豪斯道夫导数 β 值越小，信号衰减的速率则越慢，记忆性或相关性越强。不同时间豪斯道夫导数下，信号随时间变化的衰减曲线与图 6.1 类似，见图 6.2。由图 6.2 可见，时间豪斯道夫导数 α 值越小，信号衰减的速率越慢，记忆性或相关性越强。

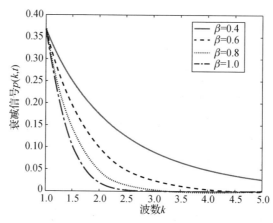

图 6.1　时间豪斯道夫导数 $\alpha=1$、时间 $t=1$、扩散系数 $D_{\alpha,\beta}=1$，不同空间豪斯道夫导数 β 的值对应豪斯道夫衰减模型随波数 k 变化的衰减信号曲线图

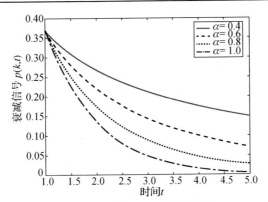

图 6.2 时间豪斯道夫导数 $\beta=1$、波数 $k=1$、扩散系数 $D_{\alpha,\beta}=1$，不同时间豪斯道夫导数 α 的值对应豪斯道夫衰减模型随时间 t 变化的衰减信号曲线图

6.1.2 谱熵

结合香农熵[9]和时间序列谱熵[10]的定义，可以得到上述豪斯道夫衰减模型的谱密度，进而推导其谱熵[11-14]。

以固定时间 t、变化空间频率 k 为例，谱密度为

$$\hat{p}(k_i,t) = \frac{p(k_i,t)p^*(k_i,t)}{\sum_{i=1}^{N}[p(k_i,t)p^*(k_i,t)]} \tag{6.7}$$

式中，$p^*(k_i,t)$ 是 $p(k_i,t)$ 的共轭复数；N 是空间频率的个数。标准化的 $\hat{p}(k_i,t)$ 的和为 1。

对应的谱熵 H_k [15]为

$$H_k = -\sum_{i=1}^{N}\frac{\hat{p}(k_i,t)\ln[\hat{p}(k_i,t)]}{\ln(N)} \tag{6.8}$$

式中，$\dfrac{\hat{p}(k_i,t)\ln[\hat{p}(k_i,t)]}{\ln(N)}$ 为个体谱熵，它是在单一特定波数下的熵，总体谱熵是变换波数下的熵，需要对个体谱熵进行累积求和。$\ln(N)$ 是归一化参数，谱熵的取值范围为 >0 且 ≤1。当一个波数谱密度趋于 1，其余波数谱密度趋于 0 时，谱熵趋于 0；当所有波数的谱密度同为 $1/N$ 时，即均匀分布时，谱熵为 1。此外，谱熵满足熵的基本性质。结合式（6.6）和式（6.7），采用式（6.8）可以计算豪斯道夫衰减模型的谱熵，以此来表征扩散过程的空间相关性。

图 6.3 给出了扩散系数 $D_{\alpha,\beta}=1$、扩散时间 $t=2$、空间豪斯道夫导数 $0<\beta\leq1$、时间豪斯道夫导数 $0<\alpha\leq1$ 对应总体谱熵的曲面图[13]。谱熵的三维曲面图的形状像一个瀑布，谱熵值随着 α 和 β 的增大而减小，且随着空间豪斯道夫导数 β 变化幅度较时间豪斯道夫导数 α 明显。高斯扩散即正常扩散（$\alpha=1$、$\beta=1$），对应的谱熵较反常扩散的值小，其值接近于瀑布汇流的底部。

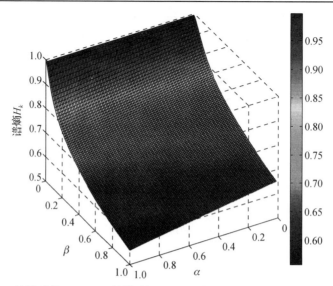

图 6.3 扩散系数 $D_{\alpha,\beta}=1$、扩散时间 $t=2$、谱熵随着空间豪斯道夫导数 β、
时间豪斯道夫导数 α 变化的曲面图

图 6.4 和图 6.5 分别给出了谱熵随时间和空间豪斯道夫导数变化规律的曲线,其中空间频率 k 为[1,5],区间长度为 0.01,扩散系数 $D_{\alpha,\beta}$ 的取值为 1~4,扩散时间 t 的取值为 2.5。从图 6.4 中可以看出,谱熵随着时间豪斯道夫导数 α 增大而减小,且随着扩散系数的减小,谱熵值逐渐增大,增加幅度逐渐变大。此外,随着时间豪斯道夫导数 α 的增大,四种扩散系数对应的谱熵衰减速率基本一致。图 6.5 中谱熵随着 β 的减小而增大,当 β 值接近于 0 时,谱熵值接近于 1。此外,扩散系数 $D_{\alpha,\beta}$ 的越大,谱熵的值越小。当扩散系数 $D_{\alpha,\beta}=4$ 时,$\alpha=1$(即高斯分布)时,谱熵值接近于 0。

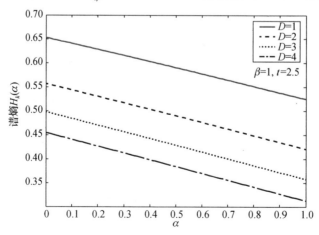

图 6.4 扩散时间 $t=2.5$、空间豪斯道夫导数 $\beta=1$,4 种不同扩散系数
对应谱熵随时间豪斯道夫导数 α 的变化曲线

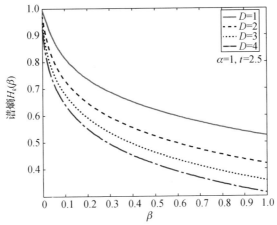

图 6.5 时间豪斯道夫导数 $\alpha=1$、扩散时间 $t=2.5$，4 种不同扩散系数对应的谱熵随空间豪斯道夫导数 β 变化的曲线

6.2 伸展高斯分布模型

6.2.1 伸展高斯分布

伸展高斯分布的表达式由时空豪斯道夫分形导数扩散方程推导[2]而得

$$p(x,t) = \frac{1}{\sqrt{4\pi D_{\alpha,\beta} t^\alpha}} e^{-\frac{x^{2\beta}}{4D_{\alpha,\beta} t^\alpha}} \tag{6.9}$$

式中，$D_{\alpha,\beta}$ 为扩散系数；α 和 β 分别为时空尺度变换的幂指数，也分别称为时间和空间豪斯道夫导数。当 $\alpha=1$、$\beta=1$ 时，式（6.9）退化为高斯分布。图 6.6 和图 6.7 分别给出了伸展高斯分布概率密度函数随指数 α 和 β 的变化曲线。由图 6.6 可见，当 t 小于 1 时，α 的值越小，伸展高斯分布的方差则越大，对应概率密度函数的形状则越宽。由图 6.7 可见，β 的值越小，概率密度函数曲线的衰减速率越慢。

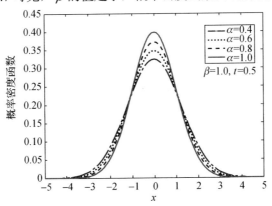

图 6.6 不同 α 值的伸展高斯分布的概率密度函数曲线

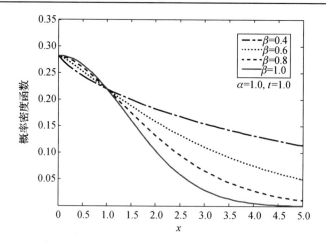

图 6.7　不同 β 值，伸展高斯分布的概率密度函数曲线

伸展高斯分布的另一种表达式[16,17]为

$$f(x) = \frac{\beta}{2^{1+1/\beta}\Gamma(1/\beta)\sigma} e^{-\frac{1}{2}\left|\frac{x-a}{\sigma}\right|^{\beta}} \qquad (6.10)$$

当 $\beta=2$ 时，式（6.10）为高斯分布。

6.2.2　统计分布的熵

一般情况下，任给的随机系统，其随机变量对应统计分布的熵可以度量该随机系统的复杂程度。熵越大，表明该系统越混乱，反之则越有序。目前，香农熵常用于定量分析随机系统的不确定性。香农熵是最常用于计算系统熵的方法。以下为香农熵的连续形式[18]为

$$H[f(X)] = -\int f(X)\log_b f(X) dX \qquad (6.11)$$

式中，f 是随机变量 X 的概率密度函数；b 为对数基底。式（6.11）也可看作 $\log_b f(X)$ 的数学期望。试验数据的值通常是离散型的，且为了体现每个试验数据对系统熵的影响，也可采用香农熵的离散形式[19,20]为

$$H = -\sum_{i=1}^{n} f(x_i)\log_b f(x_i) \qquad (6.12)$$

式中，$f(x_i)$ 为 x_i 出现的概率；n 为系统中状态的个数，即 x_i 的长度。

参 考 文 献

[1] CHEN W, SUN H G, ZHANG X, et al. Anomalous diffusion modeling by fractal and fractional derivatives[J]. Computers and Mathematics with Applications, 2010, 59(5): 1754-1758.

[2] CHEN W. Time-space fabric underlying anomalous diffusion[J]. Chaos Solitons and Fractals, 2006, 28(4): 923-929.

[3] KANNO R. Representation of random walk in fractal space-time[J]. Physica A, 1998, 248(1-2):165-175.
[4] FELDMAN Y, PUZENKO A, RYABOV Y. Non-Debye dielectric relaxation in complex materials[J]. Chemical Physics, 2002, 284(1-2):139-168.
[5] MIGNAN A. Modeling aftershocks as a stretched exponential relaxation[J]. Geophysical Research Letters, 2016, 42(22):9726-9732.
[6] CHUNG S H, STEVENS J R. Time-dependent correlation and the evaluation of the stretched exponential or Kohlrausch-Williams-Watts function[J]. American Journal of Physics, 1991, 59(59):1024-1030.
[7] LIANG Y, CHEN W. A survey on computing Lévy stable distributions and a new MATLAB toolbox[J]. Signal Processing, 2013, 93(1): 242-251.
[8] JAYAKUMAR K. Mittag-leffler process[J]. Mathematical and Computer Modelling, 2003, 37(12-13): 1427-1434.
[9] STARCK J L, MURTAGH F, QUERRE P, et al. Entropy and astronomical data analysis: Perspectives from multiresolution analysis[J]. Astronomy and Astrophysics, 2001, 368(2): 730-746.
[10] VIERTIO-OJA H, MAJA V, SARKELA M, et al. Description of the entropy algorithm as applied in the Datex-Ohmeda S/5 entropy module[J]. Acta Anaesthesiologica Scandinavica, 2004, 48(2): 154-161.
[11] MAGIN R L, INGO C, COLON-PEREZ L, et al. Characterization of anomalous diffusion in porous biological tissues using fractional order derivatives and entropy[J]. Microporous and Mesoporous Materials, 2013, 178(18): 39-43.
[12] LIANG Y, CHEN W, MAGIN R L. Connecting complexity with spectral entropy using the Laplace transformed solution to the fractional diffusion equation[J]. Physica A, 2016, 453: 327-335.
[13] LIANG Y, ALLEN Q Y, CHEN W, et al. A fractal derivative model for the characterization of anomalous diffusion in magnetic resonance imaging[J]. Communications in Nonlinear Science and Numerical Simulation, 2016, 39: 529-537.
[14] INGO C, MAGIN R L, LUIS C, et al. On random walks and entropy in diffusion-weighted magnetic resonance imaging studies of neural tissue[J]. Magnetic Resonance in Medicine, 2013, 71(2): 617-627.
[15] 秦雅楠, 梁英杰, 陈文. 豪斯道夫导数扩散模型的谱熵与累积谱熵[J]. 力学与实践, 2018, 40(2): 161-166.
[16] SUN H G, CHEN W. Fractal derivative multi-scale model of fluid particle transverse accelerations in fully developed turbulence[J]. Science in China, 2009, 52(3): 680-683.
[17] 陈文, 孙洪广, 李西成, 等. 力学与工程问题的分数阶导数建模[M]. 北京: 科学出版社, 2010.
[18] SCAFETTA N, GRIGOLINI P. Scaling detection in time series: diffusion entropy analysis[J]. Physical Review E, 2002, 66: 1162-1167.
[19] SHANNON C E. A mathematical theory of communication[J]. Bell System Technical Journal, 1948, 27(3): 53-55.
[20] MASZCZYK T, DUCH W. Comparison of Shannon, Renyi and Tsallis entropy used in decision trees[C]//Artificial Intelligence and Soft Computing, 9th International Conference, Berlin, 2008: 643-651.

第七章　隐式微积分算子及豪斯道夫导数拉普拉斯算子

现代科学主要是建立在微积分方程概念和建模方法基础上的，特别是连续介质力学问题的描述离不开微积分方程建模方法。但对于复杂分形结构材料和系统，经典的微积分方程方法面临着巨大的困难。一般的策略是直接拓广经典连续介质力学模型，运用非线性项描述分形介质中的复杂力学行为，模型中往往含有多个经验参数，但部分参数缺乏物理意义。

分形几何方法在描述复杂系统的几何特征、统计行为、数据结果的幂律特征等方面取得了很多有意义的成果[1]，但对应的微积分建模方法至今没有完整地建立起来，这极大地限制了分形方法在科学和工程问题中的应用。Chen[2]于 2006 年提出的豪斯道夫导数已在反常扩散、黏弹性材料的蠕变和松弛、核磁共振等方面取得了一些有意义的成果[3-6]。豪斯道夫导数是局部导数，不同于全域定义的分数阶微积分，因而计算量和内存需求大大减少，但分形导数微分方程的应用目前尚不成熟，在多维问题方面应用还很少。

针对多维分形空间问题，本章基于隐式微积分建模方法[7]，利用分形维上的基本解"隐式"地定义分形微积分算子[8]，另外，还从理论和数值上系统地讨论豪斯道夫导数拉普拉斯算子的概念和具体应用。

7.1　整数阶微分方程基本解

不失一般性，我们以整数维上的整数阶拉普拉斯方程为例，其数学形式为

$$\Delta u(x) = 0, \quad x \in \mathbf{R}^n \tag{7.1}$$

式中，Δ 为 $\mathbf{R}^n$ 上的拉普拉斯算子；n 表示整数阶空间维数（二维 $n=2$ 得到的是平凡基本解）；u 为待求势函数，相应的基本解[9]为

$$u^*(r) = \frac{1}{(n-2)S_n(1)} r^{2-n} \tag{7.2}$$

式中，$S_n(1) = 2\pi^{n/2}/\Gamma(n/2)$；$r = |x-y|$ 表示点 x 和 y 的欧几里得距离。

下面分别给出亥姆霍兹方程、修正亥姆霍兹方程和扩散方程的表达式及其相应的基本解。

亥姆霍兹方程

$$(\Delta + k^2)u(x) = 0 \quad x \in \Omega \tag{7.3}$$

式中，Ω 为计算区域。

修正亥姆霍兹方程
$$(\Delta - k^2)u(x) = 0 \quad x \in \Omega \tag{7.4}$$

扩散方程
$$D\Delta u(x) = \frac{\partial u(x)}{\partial t} \quad x \in \Omega, \ t \geqslant 0 \tag{7.5}$$

式中，k 为波数；D 为扩散系数。上述亥姆霍兹、修正亥姆霍兹以及扩散算子的整数阶基本解分别定义[9]为

$$u^*(r) = \frac{1}{2\pi}\left(\frac{-\mathrm{i}k}{2\pi r}\right)^{(n/2)-1} K_{(n/2)-1}(-\mathrm{i}kr) \tag{7.6}$$

$$u^*(r) = \frac{1}{2\pi}\left(\frac{k}{2\pi r}\right)^{(n/2)-1} K_{(n/2)-1}(kr) \tag{7.7}$$

$$u^*(r) = \frac{H(t)}{(4\pi Dt)^{n/2}} \mathrm{e}^{-r^2/4Dt} \tag{7.8}$$

式中，$K_{(d/2)-1}$ 为第二类修正贝塞尔函数；$H(t)$ 为赫维赛德阶跃函数；$t = t_2 - t_1$ 为时刻 t_1 到时刻 t_2 的时间间隔。这里仅列出几类典型的微分方程基本解，有关其他整数阶的微分方程基本解，见文献[9]。

7.2 分形微分算子基本解

近年来引起广泛关注的分数阶拉普拉斯算子 $(-\Delta)^{s/2}$ 能够表征物理力学系统的空间非局部性。采用隐式微分建模方法，从 Riesz 分数阶势出发，可直接构造出如下分数阶拉普拉斯算子的基本解[10]：

$$u_s^*(r) = \frac{1}{(d-s)S_d(1)} r^{s-d} \tag{7.9}$$

式中，分数阶数 s 是 $0 \sim 2$ 的任意实数，经典整数阶拉普拉斯算子是一个特例($s=2$)，这里 s 表征了材料的非局部性，刻画了幂律特征。

我们推广表达式（7.2）和式（7.9）得到整数阶拉普拉斯算子在分形维 d 的基本解

$$u_d^*(r) = \frac{1}{(d-2)S_d(1)} r^{2-d} \tag{7.10}$$

式中，d 可以是任意实数。

以三维空间问题为例，下面比较讨论分形维上的拉普拉斯基本解和分数阶拉普拉斯算子基本解的区别和联系。大部分三维空间问题的分形维在 $(2, 3]$ 之间，相应的分形维拉普拉斯算子的距离变量指数 $(2-d)$ 在 $[-1, 0)$ 之间；而分数阶拉普拉斯算子基本解的距离变量指数 $(s-3)$ 在 $(-3, -1]$ 之间。由此可见，分形和分数阶拉普拉斯算子有着各自不同的适用对象和范围，经典的整数阶拉普拉斯算子基

本解 $1/r$ 是两者的极端特例。

根据隐式微积分建模方法，我们可以用基本解定义微分方程模型，不需要微分方程的显式表达式。基于此，本节运用分形维上的算子基本解，定义分形维上的 4 类典型微分算子方程。

拉普拉斯方程
$$\Delta_d u(x) = 0 \quad x \in \Omega \tag{7.11}$$

亥姆霍兹方程
$$(\Delta + k^2)_d u(x) = 0 \quad x \in \Omega \tag{7.12}$$

修正亥姆霍兹方程
$$(\Delta - k^2)_d u(x) = 0 \quad x \in \Omega \tag{7.13}$$

扩散方程
$$D\Delta_d u(x) = \frac{\partial u(x)}{\partial t} \quad x \in \Omega, \ t \geqslant 0 \tag{7.14}$$

以上方程中，下标 d 表示分形维值为 d 的微分算子，以区别于经典的整数阶和分数阶微分算子。推广相应整数阶基本解，分形维上亥姆霍兹、修正亥姆霍兹以及扩散算子的基本解定义为

$$u_d^*(r) = \frac{1}{2\pi}\left(\frac{-\mathrm{i}k}{2\pi r}\right)^{(d/2)-1} K_{(n/2)-1}(-\mathrm{i}kr) \tag{7.15}$$

$$u_d^*(r) = \frac{1}{2\pi}\left(\frac{k}{2\pi r}\right)^{(d/2)-1} K_{(n/2)-1}(kr) \tag{7.16}$$

$$u_d^*(r) = \frac{H(t)}{(4\pi Dt)^{d/2}} \mathrm{e}^{-r^2/4Dt} \tag{7.17}$$

式中，$K_{(d/2)-1}$ 为第二类修正贝塞尔函数；d 为分形维数。分形维上的拉普拉斯算子基本解见表达式（7.10）。

7.3　隐式微积分建模

7.3.1　分形拉普拉斯势问题模拟

根据隐式微积分建模方法，可利用物理问题的基本解和边界条件，通过边界元或无网格方法直接进行数值求解，无须控制方程的显式表达。拉普拉斯算子是最重要的椭圆形算子，在物理和力学中有着广泛而重要的应用。本节以拉普拉斯方程为例，数值考察分形维微分算子方程的行为特征。

奇异边界法[11]是一种边界型径向基函数配点法，即以基本解作为插值基函数，能够无网格、无数值积分求解高维复杂几何域问题，不需要微分方程的具体表达式。本节基于分形维上拉普拉斯算子的基本解，采用奇异边界法求解分形维拉普拉斯控制方程和相应边界条件的稳态热传导问题。

7.3.2 数值算例

算例 7.1 二维正方形区域。

首先考虑一个二维正方形域分形介质中的稳态热传导问题,其边界条件如图 7.1 所示,左右边界为绝热,热流量 $q=0$,上边界温度 $u=0$,下边界温度 $u=10$。

为了考察温度变化与分形维数之间的关系,图 7.2 显示了不同分形维数 d 情况下,温度值沿着直线 $x=1.0$ 随分形维数 d 变化的数值计算结果。由图 7.2 可见,在二维整数维情况下,温度的变化呈线性减小。比较而言,分形维时,温度变化呈指数趋势减小,且维数越小,温度变化越剧烈。

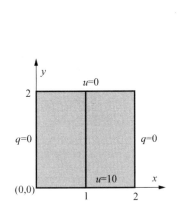

图 7.1 正方形域分形材料的稳态
热传导及其边界条件

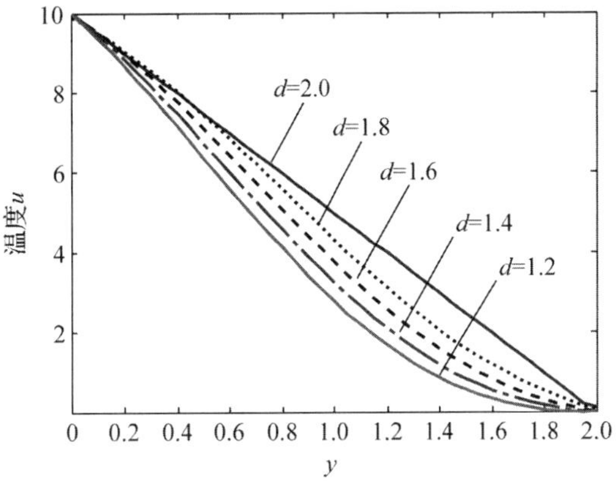

图 7.2 直线 $x=1.0$ 温度随分形维数 d 变化的数值
计算结果

一般情况下我们并不知道分形维上拉普拉斯方程的精确解,但是,可以通过指定与整数维方程相同的边界条件,计算分形维方程的数值解是否逼近于整数维方程的精确解。在本算例,即 d 趋于 2 时,可以计算方程的解是否逼近 $d=2$ 整数阶拉普拉斯方程的解。从图 7.2 可以看到,当维数 d 趋近于 2 时,分形维拉普拉斯方程的解确实单调趋近于整数维 2 的解。

为了增加读者的感性认识,表 7.1 和表 7.2 列出了部分典型二维和三维分形材料的分形维。

表 7.1 若干二维材料的分形维数

材料名称	分形维数	平均值
木质保温材料[12]	1.9408、1.8791、1.7809、1.6596	1.82
植物纤维材料[13]	1.5、1.7、1.85、1.9	1.74
机织保温材料[14]	1.47、1.56、1.63、1.69、1.87、1.98	1.70
非织造材料[15]	1.7986、1.7600、1.5432、1.5536	1.66
泡沫铝[16]	1.0960、1.1319、1.1388、1.1528	1.13

表7.2　若干三维热传导材料的分形维数

材料名称	分形维数	平均值
隔热材料[17]	2.51、2.65、2.93	2.70
颗粒材料[18]	2.39、2.50、2.65、2.59、2.49、2.36	2.50
含能材料[19]	2.239、2.395、2.641	2.425
沥青路面[20]	2.60、2.25、2.20	2.35

算例 7.2　三维立方体区域。

下面我们考察图 7.3 所示边长为 2 的三维立方体分形材料的例子。边界条件为：底面已知温度为 10℃，上表面已知温度为 0℃，其他表面均是绝缘的。

这里我们分别将这个立方体看作表 7.2 中的几种材料，利用表 7.2 中各分形材料的平均分形维数 d，图 7.4 显示了 $x=y=1$ 直线上的温度变化情况。从图 7.4 可以看出，完全相同边界条件下维数 d 趋近于 3 时，分形维拉普拉斯方程的解单调趋近于整数维 3 的解。我们也注意到，三维整数维情形下温度的变化呈线性减小；而当材料具有分形特征时，温度变化在底部附近比整数维的变化要缓慢，中间部分比整数维的变化要剧烈，接近上顶部时温度的减小趋势又变缓。

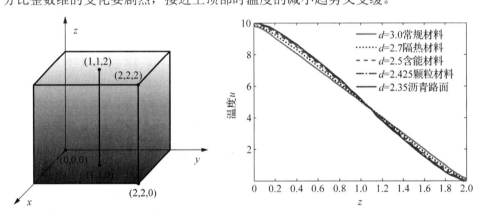

图 7.3　立方体域分形材料的稳态热传导　　图 7.4　直线 $\{(x, y, z)\,|\,x=1,\ y=1,\ 0\leqslant z\leqslant 2\}$ 上温度随分形维数 d 的变化

7.3.3　问题与讨论

本节引入的分形微积分算子是分形导数概念的进一步发展，推广了连续介质力学微积分建模方法的使用范围；克服了现有分形方法局限于几何描述和数据拟合的瓶颈问题，拓展了分形方法的应用范围和深度；提出了分形维上基本解的概念，同时基于隐式微积分建模方法，定义了分形维上的微积分算子，微分控制方程表达式本身不再是必要的环节和对象。数学力学建模和数值建模自然成为一体，极大地简化了工程仿真的难度。

从数学上看，分形维上微分算子基本解表达式中的维数 d 甚至可以是复数或负数，但相关的物理力学意义并不清楚。这里提出的分形维微积分算子方法是一个唯象建模技术，还缺少扎实的数理基础；该方法的适用范围和有效性还有待在科学工程问题中充分验证。

7.4 豪斯道夫导数拉普拉斯算子

7.4.1 豪斯道夫分形距离

基于豪斯道夫导数，Chen[2]引入了一维豪斯道夫分形时空（fractal metric spacetime，FMS）的概念，即 (x^β, t^α)。实质上，豪斯道夫分形时空 (x^β, t^α) 是通过利用尺度变换的思想将欧几里得空间 (x, t) 变换之后得到的。相应地，一维时间和空间豪斯道夫分形距离被定义为

$$\begin{cases} \Delta \hat{t} = \Delta t^\alpha \\ \Delta \hat{x} = \Delta x^\beta \end{cases} \quad (7.18)$$

显然，上述定义中的分形距离为非欧几里得距离，是基于分形不变性和分形等价性两个假设得到的。一般来说关于距离有如下定义。

定义 7.1 设 X 是任一集合，任意 $x, y \in X$，若能定义实函数 $d(x, y)$，满足以下距离公理。

1）非负性：$d(x, y) \geqslant 0$，当且仅当 $d(x, y) = 0$ 时，$x = y$。
2）对称性：$d(x, y) = d(y, x), x, y \in X$。
3）三角不等式：$d(x, y) \leqslant d(x, z) + d(z, y), x, y, z \in X$。

则称 X 是距离空间，$d(x, y)$ 是距离空间 X 中点 x 与点 y 之间的距离。

众所周知，欧几里得距离是一个通常使用的距离定义，在 n 维欧几里得空间中，两个点 $x = (x_1, x_2, \cdots, x_n)$ 和 $y = (y_1, y_2, \cdots, y_n)$ 之间的欧几里得距离可写为

$$d(x, y) = \left[\sum_{i=1}^{n} \left(x_i^2 - y_i^2 \right)^2 \right]^{\frac{1}{2}} \quad (7.19)$$

考虑到复杂介质分形特性，Balankin 等[21]进一步给出了一般分形距离的定义，即

$$d(x, y) = \left[\sum_{s=1}^{n} d_s^2(x, y) \right]^{\frac{1}{2}} \quad (7.20)$$

其中

$$d_s(x, y) := |\mu_s(x) - \mu_s(y)| \quad (7.21)$$

式中，$\mu_s(\cdot) = \varphi(\cdot)$，$\varphi: \mathbf{R} \to \mathbf{R}$ 是一个可微函数。$\varphi(x_s) := \text{sign}\{x_s\}|x_s|^{\gamma_s}$ 和 $\varphi(x_s) := |1 + x_s/l_0|^{\gamma_s}$，$x_s \geqslant 0$ 是两种常用的分形度量[22,23]，其中 γ_s 和 l_0 均表示材料的

分形特征参数。不难发现，式（7.20）实际上引入了一种非欧几里得距离的概念，本节所提到的豪斯道夫分形距离是其中的一个特例。基于此，豪斯道夫分形距离的一般表达式可写为

$$\begin{cases} \Delta t^{\alpha} = t^{\alpha} - t_0^{\alpha} \\ r^{\beta}(x,y) = \sqrt{\sum_{i=1}^{n}\left(x_i^{\beta} - y_i^{\beta}\right)^2} \end{cases} \quad (7.22)$$

式中，β 表示各项同性空间的分形维。值得注意的是，当 $\beta=1$ 时，式（7.22）中的空间豪斯道夫分形距离退化为经典的 n 维欧几里得距离。若令初始时刻 $t_0=0$，一维空间中的坐标 $y_1=0$，则式（7.22）中的豪斯道夫分形距离简化为式（7.18）的情形。

目前已广为认可的是，分形介质在不同方向的分形维度是不同的，也就是说各个方向的分形维数 β 不是一个常数。为了不失一般性，将分形导数的距离定义[24]为

$$r^{\beta} = \sqrt{\left(x_1^{\beta_1} - y_1^{\beta_1}\right)^2 + \left(x_2^{\beta_2} - y_2^{\beta_2}\right)^2 + \left(x_3^{\beta_3} - y_3^{\beta_3}\right)^2} \quad (7.23)$$

式中，β_1、β_2 和 β_3 为沿三个方向的分形维数。显然式（7.23）是各向异性分形介质的豪斯道夫分形距离的一般化形式。图 7.5 显示了当 $\beta_3=1$ 时点 $A(1,1,1)$ 和 $B(3,3,3)$ 豪斯道夫距离随指数变化的的关系图。从图中可以看出，当 $\beta_1 \to 1$ 且 $\beta_2 \to 1$ 时豪斯道夫分形导数距离趋向于欧几里得距离。

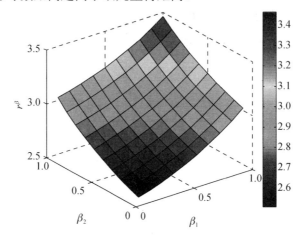

图 7.5　点 $A(1,1,1)$ 和 $B(3,3,3)$ 豪斯道夫距离随指数变化的关系

7.4.2　豪斯道夫导数拉普拉斯方程及其基本解

反常扩散 [25, 26]是一种复杂系统的扩散过程，近年来已经引起了人们的广泛关注。经典的扩散行为表现为布朗微粒的局部性运动，但是反常扩散则表现为布朗

微粒的非局部性运动（时间和空间）。反常扩散现象即不遵循高斯统计，也不遵循菲克第二定律，粒子平均位移的平方是一个关于时间的非线性函数。近年来，豪斯道夫导数扩散方程被提出并用于表征反常扩散行为[27]，其表达式为

$$\frac{\partial u(x,t)}{\partial t^{\alpha}} = D\frac{\partial}{\partial x^{\beta}}\left[\frac{\partial u(x,t)}{\partial x^{\beta}}\right] \quad (7.24)$$

式中，u 为扩散介质的浓度；D 为扩散系数；α 和 β 分别为时间和空间分形维。根据豪斯道夫导数的定义，式（7.24）可以被重新写成

$$\frac{1}{\alpha t^{\alpha}}\frac{\partial u(x,t)}{\partial t} = \frac{D}{\beta^2 x^{\beta-1}}\left[\frac{1-\beta}{x^{\beta}}\frac{\partial u(x,t)}{\partial x} + \frac{1}{x^{\beta-1}}\frac{\partial^2 u(x,t)}{\partial x^2}\right] \quad (7.25)$$

可以看出，式（7.25）中的豪斯道夫扩散方程形式上属于时间空间依赖的对流扩散方程，因此可以表征反常扩散行为。基于上述讨论，豪斯道夫导数模型中的分形维直接与复杂介质分形特性相关。不失一般性，考虑具有分形维 β 的各项同性分形介质，其二维和三维豪斯道夫导数扩散方程可以写为

$$\frac{\partial u}{\partial t^{\alpha}} = D\left[\frac{\partial}{\partial x^{\beta}}\left(\frac{\partial u}{\partial x^{\beta}}\right) + \frac{\partial}{\partial y^{\beta}}\left(\frac{\partial u}{\partial y^{\beta}}\right)\right] \quad (x,\ y)\in\mathbf{R}^2 \quad (7.26)$$

$$\frac{\partial u}{\partial t^{\alpha}} = D\left[\frac{\partial}{\partial x^{\beta}}\left(\frac{\partial u}{\partial x^{\beta}}\right) + \frac{\partial}{\partial y^{\beta}}\left(\frac{\partial u}{\partial y^{\beta}}\right) + \frac{\partial}{\partial z^{\beta}}\left(\frac{\partial u}{\partial z^{\beta}}\right)\right] \quad (x,\ y,\ z)\in\mathbf{R}^3 \quad (7.27)$$

不难发现，经典的扩散方程是豪斯道夫导数扩散方程在分形维 α 和 β 为整数时的一个特例。

类似地，我们可以得到二维和三维豪斯道夫-拉普拉斯方程为

$$\frac{\partial}{\partial x^{\beta}}\left(\frac{\partial u}{\partial x^{\beta}}\right) + \frac{\partial}{\partial y^{\beta}}\left(\frac{\partial u}{\partial y^{\beta}}\right) = 0 \quad (7.28)$$

$$\frac{\partial}{\partial x^{\beta}}\left(\frac{\partial u}{\partial x^{\beta}}\right) + \frac{\partial}{\partial y^{\beta}}\left(\frac{\partial u}{\partial y^{\beta}}\right) + \frac{\partial}{\partial z^{\beta}}\left(\frac{\partial u}{\partial z^{\beta}}\right) = 0 \quad (7.29)$$

及其相应的基本解为

$$u_2^* = -\frac{1}{2\pi}\ln r^{\beta} \quad (7.30)$$

$$u_3^* = -\frac{1}{4\pi r^{\beta}} \quad (7.31)$$

式中，r^{β} 为式（7.22）中所示的豪斯道夫分形距离。

7.4.3 豪斯道夫导数位势问题的数值模拟

1. 奇异边界法

豪斯道夫导数位势问题的控制方程即是豪斯道夫-拉普拉斯方程，其二维和三维问题的基本解已在式（7.30）和式（7.31）给出。与基本解法不同，奇异边界法

将插值源点 x^i 布置在真实的物理边界上,并与配点 s^j 重合,如图 7.6(a)所示。为了比较,图 7.6(b)也给出了基本解法的布点方式。在豪斯道夫拉普拉斯问题的模拟中,奇异边界法利用其分形导数基本解可建立插值公式为

$$u(x^i) = \sum_{j=1, j\neq i}^{N} \alpha_j u_L^*(x^i, s^j) + \alpha_i u_{ii} \quad x^i \in \Gamma_D,\ s^j \in \Gamma \quad (7.32)$$

$$q(x^i) = \sum_{j=1, j\neq i}^{N} \alpha_j \frac{\partial u_L^*(x^i, s^j)}{\partial n_{x^i}} + \alpha_i q_{ii} \quad x^i \in \Gamma_N,\ s^j \in \Gamma \quad (7.33)$$

式中,u_{ii} 和 q_{ii} 称为源点强度因子。利用边界条件、方程(7.32)和方程(7.33),求出所有的未知系数 α_j 之后,便可以利用方程

$$u(x) = \sum_{j=1}^{N} \alpha_j u_L^*(x, s^j) \quad x \in \Omega \quad (7.34)$$

$$\frac{\partial u(x)}{\partial x_i} = \sum_{j=1}^{N} \alpha_j \frac{\partial u_L^*(x, s^j)}{\partial x_i} \quad x \in \Omega,\ i = 1,\ 2 \quad (7.35)$$

计算区域内任何一点的位势和位势导数。

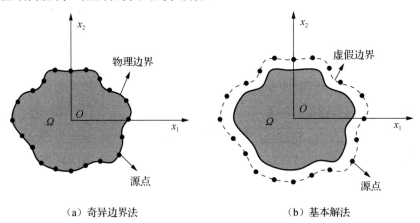

(a)奇异边界法　　　　　　　　(b)基本解法

图 7.6　奇异边界法与基本解法的源点分布

2. 积分平均

源点强度因子的精确求解是该方法的核心问题。我们首先引入积分平均技术确定豪斯道夫拉普拉斯方程奇异边界法的源点强度因子,其计算公式为

$$u_{ii} = \frac{1}{\ell_i} \int_{\Gamma_i} u^*[r^\beta(x^i, y)] \mathrm{d}\Gamma_y \quad (7.36)$$

$$q_{ii} = \frac{1}{\ell_i} \int_{\Gamma_i} \frac{\partial u^*[r^\beta(x^i, y)]}{\partial n_{x^i}} \mathrm{d}\Gamma_y \quad (7.37)$$

式中,ℓ_i 表示源点 x^i 所在影响区域 Γ_i 的特征参数,在二维问题中表示 Γ_i 的长度,

在三维问题中表示 Γ_i 的面积，如图 7.7 所示。

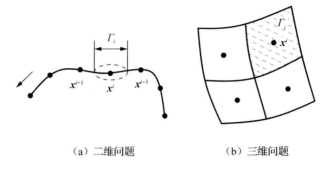

（a）二维问题　　　　　（b）三维问题

图 7.7　源点所在影响区域

3. 经验公式

在整数维二维空间中，考虑一个半径为 R 的圆形区域 Ω，配点和源点均匀地布置在它的边界 $\Gamma=\partial\Omega$ 上。那么对于分布在边界上的源点 $\{x_m\}_{m=1}^{N}$，我们有

$$\oint \ln[r(x_m, y)/R]\,\mathrm{d}\Gamma_y = 0 \tag{7.38}$$

式中，$r(x_m, y)$ 为点 x_m 和点 y 之间的欧几里得距离。显然，式（7.38）可以被离散成

$$\sum_{n=1}^{N} \ln[r(x_m, x_n)/R] = 0 \tag{7.39}$$

考虑到圆的对称性，我们仅以一个点 $x_1=(R,0)$ 为例进行分析，其他所有点与此相同，因此

$$\sum_{n=1}^{N} \ln[r(x_1, x_n)/R] = 0 \tag{7.40}$$

注意到

$$r(x_1, x_n) = 2R\sin\left(\frac{n-1}{N}\pi\right) \tag{7.41}$$

将式（7.41）代入式（7.40），并采用 u_{ii} 来表示整数维空间中奇异边界法的源点强度因子，也就是奇异边界法插值矩阵的对角线元素，这里即为 u_{11}，可以得到如下表达式：

$$u_{11} = -\frac{1}{2\pi}\left\{\ln R - \ln\left[2^{N-1}\prod_{k=2}^{N}\sin\left(\frac{k-1}{N}\pi\right)\right]\right\} \tag{7.42}$$

下面的问题归结为多项式 $\prod_{k=2}^{N}\sin\left(\dfrac{k-1}{N}\pi\right)$ 的计算。

令

$$\psi = \cos\frac{2\pi}{N} + i\sin\frac{2\pi}{N} = e^{\left(\frac{2i\pi}{N}\right)} \qquad (7.43)$$

显然，式（7.43）是下列方程的一个解为

$$z^N - 1 = 0 \qquad (7.44)$$

事实上 ψ^2、ψ^3、$\cdots$、ψ^{N-1} 均为式（7.44）的解，因此，式（7.44）等价于下式：

$$z^{N-1} + z^{N-2} + \cdots + z + 1 = (z-\psi)(z-\psi^2)\cdots(z-\psi^{N-1}) \qquad (7.45)$$

当 $z = 1$ 时，则有

$$N = (1-\psi)(1-\psi^2)\cdots(1-\psi^{N-1}) \qquad (7.46)$$

也有下式成立：

$$N = |1-\psi||1-\psi^2|\cdots|1-\psi^{N-1}| \qquad (7.47)$$

另外，根据式（7.43），有

$$1 - \psi^k = 2\sin\frac{k\pi}{N}\left(\sin\frac{k\pi}{N} - i\cos\frac{k\pi}{N}\right) \qquad (7.48)$$

$$|1-\psi^k| = 2\sin\frac{k\pi}{N} \qquad (7.49)$$

将式（7.49）代入式（7.47），可得

$$\prod_{k=2}^{N}\sin\left(\frac{k-1}{N}\pi\right) = \frac{N}{2^{N-1}} \qquad (7.50)$$

因此，将式（7.50）代入式（7.42）便可得到源点强度因子计算公式，即

$$u_{11} = -\frac{1}{2\pi}\ln\left(\frac{R}{N}\right) = -\frac{1}{2\pi}\ln\left(\frac{2\pi R}{2\pi N}\right) = -\frac{1}{2\pi}\ln\left(\frac{l_1}{2\pi}\right) \qquad (7.51)$$

同理，可以得到每一个点的源点强度因子计算公式，即

$$u_{ii} = -\frac{1}{2\pi}\ln\left(\frac{l_i}{2\pi}\right) \qquad (7.52)$$

式中，$l_i = 2\pi R / N$。

上述经验公式可以直接被推广到任意边界形状和不均匀边界布点情形，近几年来已被成功地应用于各种位势问题[28, 29]。根据豪斯道夫导数的尺度变换原理，可将整数维坐标 (x, y) 直接变换到分形维坐标 (x^β, y^β)，其两点之间的距离采用豪斯道夫分形距离定义。基于此，可以得到下列豪斯道夫-拉普拉斯方程奇异边界法的源点强度因子经验公式为：

$$u_{ii}^\beta = -\frac{1}{2\pi}\ln\left(\frac{l_i^\beta}{2\pi}\right) \qquad (7.53)$$

式中，l_i^β 表示源点 x^i 的影响区域特征长度，如图 7.8 所示。借助于豪斯道夫分形距离的概念，l_i^β 的表达式可写为

$$l_i^\beta = \sqrt{[(x_1^{j+1/2})^\beta - (x_1^{j-1/2})^\beta]^2 + [(x_2^{j+1/2})^\beta - (x_2^{j-1/2})^\beta]^2} \quad (7.54)$$

式中，点 $x^{i-1/2}$ 为点 x^{i-1} 和 x^i 的中点；点 $x^{i+1/2}$ 为点 x^i 和 x^{i+1} 的中点。

此外，对于 Neumann 边界条件，源点强度因子 q_{ii} 可以通过加减去奇异技术直接得到，即

$$q_{ii} = -\frac{1}{l_i} \sum_{j=1,i\neq j}^{N} l_j \frac{\partial u_L^*(x_i,s_j)}{\partial n_{x_i}} \quad (7.55)$$

若考察的问题区域为圆形，则可直接通过下式计算：

$$q_{ii} = -\frac{1}{2\pi} \cdot \frac{N-1}{2R} \quad (7.56)$$

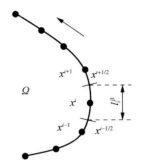

图 7.8 二维问题中的源点和影响区域

7.4.4 数值算例

本节以圆形区域和矩形区域上的热传导问题为例，验证所提方法的有效性、计算精度及其收敛性。为了误差估计和收敛性研究，定义相对误差计算公式，即

$$\text{RMSRE} = \left[\frac{1}{M}\sum_{k=1}^{M}\left(\frac{u_n^k - u_e^k}{u_e^k}\right)^2\right]^{1/2} \quad (7.57)$$

式中，M 为计算点的个数；u_n^k 和 u_e^k 分别为第 k 个计算点上的数值解和精确解。

算例 7.3 矩形区域。

首先考虑一个中心在 $(1.5,1.5)$，边长为 1 的正方形区域。材料的微观结构具有分形维 β，其与微观尺度下豪斯道夫拉普拉斯控制方程中的分形维一致。另外，该问题具有如下形式的宏观尺度下的光滑边界条件：

$$u(x,y) = e^{x^\beta}\sin(y^\beta) + e^{y^\beta}\sin(x^\beta) \quad (7.58)$$

问题的解析解与式（7.58）相同。

边界上均匀布置 400 个源点，选取不同的分形维 β，采用奇异边界法结合经验公式计算直线 $\{(x, y) | x = 2, 1 \leqslant y \leqslant 3\}$ 上的温度。图 7.9 给出了计算结果和精确解的对比，其中 $d_f = d\beta = 2\beta$ 表示二维空间的分形维。如图 7.9 所示，对于不同的分形维数（对应不同的分形材料），其数值计算结果与相应的精确解均非常吻合。这表明奇异边界法的计算结果是精确有效的。此外，随着分形维越来越接近整数维 2，温度变化曲线逐渐地收敛到二维介质的温度曲线。说明豪斯道夫导数模型能够一定程度上反应分形介质温度随着分形维数变化的特性。

为了测试基于经验公式的奇异边界法的收敛性,分别在边界上均匀地布置 200、400 和 800 个源点,选取 20×20 个均匀分布的内点作为内部计算点。图 7.10 给出了不同边界源点数目下内点作为计算点上的相对误差曲线。可以看出,算法是收敛的,且具有较高的计算精度。

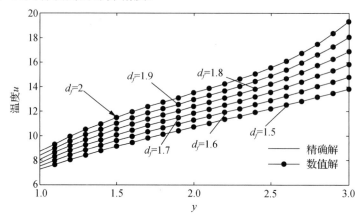

图 7.9　直线 $\{(x,y) \,|\, x=2, 1 \leqslant y \leqslant 3\}$ 上的温度曲线

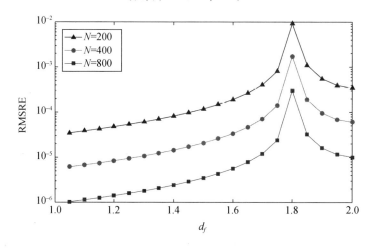

图 7.10　内点作为计算点上的相对误差曲线

图 7.11 进一步给出了不同分形维数下,奇异边界法所得到的计算区域内部温度分布曲面。如图所示,随着分形维数逐渐接近 2,其温度曲面连续变化并靠近二维材料温度分布。这也表明了豪斯道夫导数模型的合理性,以及奇异边界法的计算精度。

为了比较积分平均技术和经验公式确定源点强度因子时各自的计算精度,表 7.3 分别列出了不同分形维数下两种方法模拟该问题所得相对误差。可以看出,经验公式比平均积分的计算精度要高。特别当节点数目较大时,经验公式的计算精度比平均积分高两阶。

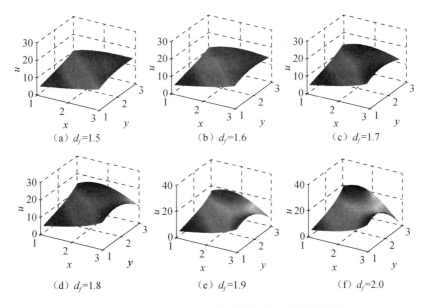

图 7.11 不同分形维时计算区域上的温度分布曲面

表 7.3 基于平均积分和经验公式的奇异边界法相对误差

N	源点强度因子（OIF）	分形维					
		1.5	1.6	1.7	1.8	1.9	2.0
200	平均积分	2.45×10^{-3}	3.75×10^{-3}	7.68×10^{-3}	2.02×10^{-1}	9.20×10^{-3}	4.89×10^{-3}
	经验公式	1.19×10^{-4}	1.92×10^{-4}	4.08×10^{-4}	9.18×10^{-3}	5.55×10^{-4}	3.46×10^{-4}
400	平均积分	1.19×10^{-3}	1.84×10^{-3}	3.76×10^{-3}	9.75×10^{-2}	4.50×10^{-3}	2.38×10^{-3}
	经验公式	2.07×10^{-5}	3.35×10^{-5}	7.14×10^{-5}	1.74×10^{-3}	9.62×10^{-5}	6.00×10^{-5}
800	平均积分	5.90×10^{-4}	9.15×10^{-4}	1.87×10^{-3}	4.75×10^{-2}	2.24×10^{-3}	1.18×10^{-3}
	经验公式	3.49×10^{-6}	5.65×10^{-6}	1.20×10^{-5}	3.03×10^{-4}	1.62×10^{-5}	1.01×10^{-5}

算例 7.4 圆形区域。

本算例考虑一个中心在 $(5,5)$，半径为 2 的圆形区域分形介质中的热传导。材料在微观尺度下的分形维数为 β，该问题具有宏观尺度下的光滑 Dirichlet 边界条件。为了检验奇异边界法的有效性和精度，考虑 4 种不同的温度场，即边界上分别施加下列 4 种边界条件。

（1）二次函数型
$$u(x,y)=3x^{2\beta}-3y^{2\beta}+2x^{\beta}y^{\beta}+x^{\beta}+6y^{\beta}+1 \tag{7.59}$$

（2）三次函数型
$$u(x,y)=x^{3\beta}-3x^{\beta}y^{2\beta}+x^{2\beta}-y^{2\beta}+2x^{\beta}y^{\beta}+5x^{\beta}-7y^{\beta}+500 \tag{7.60}$$

（3）双曲函数型

$$u(x,y) = \cos x^\beta \cosh y^\beta + \sin x^\beta \sinh y^\beta \tag{7.61}$$

（4）指数函数型

$$u(x,y) = (e^{x^\beta} + 2e^{-x^\beta})(3\sin y^\beta + \cos y^\beta) \tag{7.62}$$

问题的解析解与上述边界条件函数相同。

边界配置 200 个节点，选取圆 $\hbar = \{(x,y) | x = 5 + \cos\theta, y = 5 + \sin\theta, 0 \leqslant \theta \leqslant 2\pi\}$ 上的 31 个内点作为计算点。利用基于经验公式的奇异边界法分别计算上述四种边界条件下计算点上的温度。图 7.12～图 7.15 分别给出了不同边界条件下圆 $\hbar$ 上温度分布的计算结果。如图 7.12～图 7.15 所示，4 种完全不同的复杂边界条件下的计算结果均与相应的精确解重合；随着分形维数的增大，不同分形维 $d_f = 1.5 \sim 2.0$ 对应的温度分布曲线逐渐地收敛到二维传统材料中温度的分布曲线；分形维数越小，温度变化越剧烈。

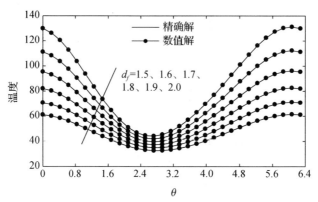

图 7.12 二次函数边界条件下圆 $\hbar$ 上的温度分布的计算结果

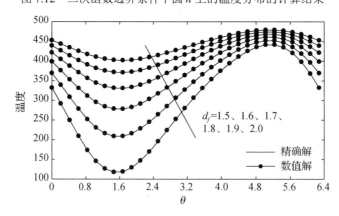

图 7.13 三次函数边界条件下圆 $\hbar$ 上的温度分布的计算结果

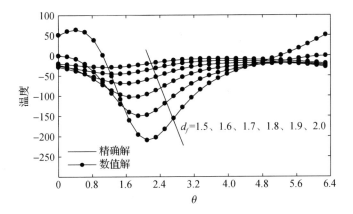

图 7.14 双曲函数边界条件下圆 h 上的温度分布的计算结果

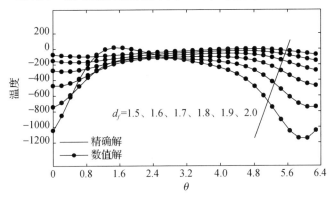

图 7.15 指数函数边界条件下圆 h 上的温度分布的计算结果

为了分析该方法在计算分形热传导问题中的收敛性,采用奇异边界法计算分形维为 $d_f=1.7$ 时,均匀分布在圆 h 上的 31 个内点处的温度。图 7.16 给出了 4 种类型的边界条件下,计算点处平均相对误差随节点数目增加的变化曲线。如图 7.16 所示,奇异边界法具有较好的收敛性且计算精度相当高; 4 种类型边界条件的收敛曲线非常接近;由于第 4 种边界条件更为复杂,其计算误差相比于其他 3 种边界条件略微偏高。

以第 4 种复杂边界条件为例,边界上均匀地布置 400 个边界节点,选取 772 个均匀分布的内点作为计算点,采用基于经验公式的奇异边界法计算这些点上的温度。图 7.17 给出了不同分形维数下整个区域上温度分布的数值结果。从图中可以看到,随着分形维数的逐渐增大,温度分布曲面发生着剧烈的变化。这说明分形维数与温度分布有着直接的关联,并极大地影响着介质中温度场的分布。

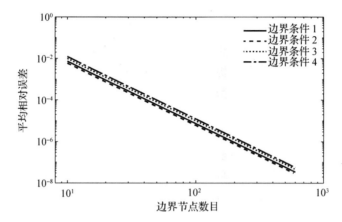

图 7.16 分形维为 $d_f=1.7$ 时，不同类型边界条件下的平均相对误差

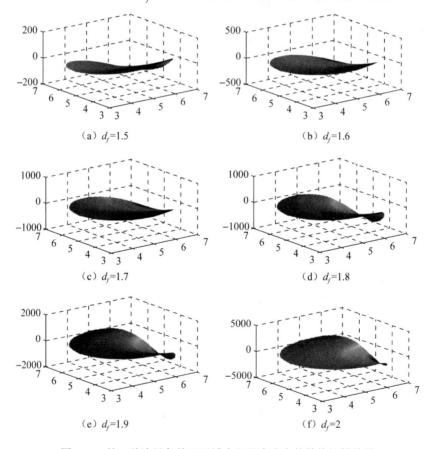

图 7.17 第 4 种边界条件下区域内部温度分布的数值计算结果

7.4.5 小结

本节引入的豪斯道夫分形距离和欧几里得距离，是豪斯道夫分形距离的一个特例。首先，基于分形导数所提出的豪斯道夫导数偏微分方程是整数维空间偏微分方程的一般形式，当分形维数等于整数时，豪斯道夫导数偏微分方程便退化到整数维空间的传统偏微分方程。其次，基于尺度变换理论和豪斯道夫分形距离的概念，得到了豪斯道夫导数拉普拉斯方程的空间基本解，并建立了相应的奇异边界法数值模型。再次，推导得到了源点强度因子计算公式。最后，数值算例测试了二维豪斯道夫拉普拉斯方程问题。数值结果表明，所提出的方法是精确、有效的，且具有很好的收敛性。在计算中，经验公式不仅形式上简单，而且它的计算精度比平均积分技术高。

本节建立了豪斯道夫导数的力学模型，并提出了一种精确、有效的数值计算方法，但是豪斯道夫导数模型在工程中的应用目前还不成熟，其时间和空间分形维数与实际材料的分形维数的内在联系还未建立。将来需要把数学模型和数值仿真结果与试验数据或者实测数据相关联，一方面修正和优化豪斯道夫导数模型，为其找到实际物理意义；另一方面为实际问题提供一种简单、实用的模型，以便指导实际生产和实践。

参 考 文 献

[1] 张济忠. 分形 [M]. 北京：清华大学出版社，1995.

[2] CHEN W. Time-space fabric underlying anomalous diffusion[J]. Chaos, Solitons and Fractals, 2006, 28(4): 923-929.

[3] SUN H, MEERSCHAERT M M, ZHANG Y, et al. A fractal Richards' equation to capture the non-Boltzmann scaling of water transport in unsaturated media[J]. Advances in Water Resources, 2013, 52: 292-295.

[4] LIN G. An effective phase shift diffusion equation method for analysis of PFG normal and fractional diffusions[J]. Journal of Magnetic Resonance, 2015, 259: 232.

[5] REYES-MARAMBIO J, MOSER F, GANA F, et al. A fractal time thermal model for predicting the surface temperature of air-cooled cylindrical Li-ion cells based on experimental measurements[J]. Journal of Power Sources, 2016, 306: 636-645.

[6] HU Z, TU X. A new discrete economic model involving generalized fractal derivative[J]. Advances in Difference Equations, 2015, (1): 1-11.

[7] 陈文. 复杂科学与工程问题仿真的隐式微积分建模[J]. 计算机辅助工程，2014，5：1-6.

[8] 陈文，王发杰，杨旭. 分形微积分算子的定义及其应用[J]. 计算机辅助工程，2016，25（3）：1-4.

[9] KYTHE P. Fundamental solutions for differential operators and applications[M]. Boston: Springer Science and Business Media, 2012.

[10] CHEN W, PANG G. A new definition of fractional Laplacian with application to modeling three-dimensional nonlocal heat conduction[J]. Journal of Computational Physics, 2016, 309: 350-367.

[11] 陈文. 奇异边界法：一个新的，简单，无网格，边界配点数值方法[J]. 固体力学学报，2009，30（6）：592-599.

[12] 吕城龙. 木质纤维保温材料的性能研究[D]. 南京: 南京林业大学, 2013.

[13] 余妙春. 基于分形理论的网状结构植物纤维材料导热系数研究[D]. 福州: 福建农林大学, 2011.

[14] 吴海军. 机织保温材料的孔隙结构对其热传递性能影响的研究[D]. 无锡: 江南大学, 2007.

[15] 李杰, 付海明, 杨林, 等. 非织造材料分形维数与填充率及纤维直径的关联[J]. 东华大学学报: 自然科学版, 2014, 40 (1): 6-10.

[16] 王洪霞. 球形孔泡沫铝孔结构的分形特性和有关性能的有限元法研究[D]. 南京: 东南大学, 2006.

[17] 王少华, 邓承继, 张小军, 等. 镁橄榄石隔热材料孔体积分形维数特征[J]. 硅酸盐学报, 2015, 43 (3): 351-357.

[18] 雷雅洁. 非均匀颗粒系统的物理特性研究[D]. 武汉: 华中科技大学, 2004.

[19] 宋小兰. 微纳米含能材料分形特征对其感度的影响研究[D]. 南京: 南京理工大学, 2008.

[20] 马新, 郭忠印, 杨群. 基于分形方法的沥青混合料抗剪性能研究[J]. 重庆交通大学学报 (自然科学版), 2009, 28 (5): 873-876.

[21] BALANKIN A S, BORY-REYES J, SHAPIRO M. Towards a physics on fractals: Differential vector calculus in three-dimensional continuum with fractal metric[J]. Physica a Statistical Mechanics and its Applications, 2016, 444: 345-359.

[22] BALANKIN A S. A continuum framework for mechanics of fractal materials I: From fractional space to continuum with fractal metric[J]. European Physical Journal B, 2015, 88(4): 1-13.

[23] KHAN S, NOOR A, MUGHAL M J. General solution for waveguide modes in fractional space[J]. Progress In Electromagnetics Research M, 2013, 33: 105-120.

[24] CAI W, CHEN W, WANG F. Three-dimensional Hausdorff derivative diffusion model for isotropic/anisotropic fractal porous media[J]. Thermal Science, 2017, 22:265-265.

[25] METZLER R, KLAFTER J. The random walk's guide to anomalous diffusion: A fractional dynamics approach[J]. Physics Reports, 2000, 339(1): 1-77.

[26] 常福宣, 陈进, 黄薇. 反常扩散与分数阶对流-扩散方程[J]. 物理学报, 2005, 54 (3): 1113-1117.

[27] CHEN W, SUN H, ZHANG X, et al. Anomalous diffusion modeling by fractal and fractional derivatives[J]. Computers and Mathematics with Applications, 2010, 59(5): 1754-1758.

[28] LI J, CHEN W, FU Z, et al. Explicit empirical formula evaluating original intensity factors of singular boundary method for potential and Helmholtz problems[J]. Engineering Analysis with Boundary Elements, 2016, 73: 161-169.

[29] WEI X, CHEN W, SUN L, et al. A simple accurate formula evaluating origin intensity factor in singular boundary method for two-dimensional potential problems with Dirichlet boundary[J]. Engineering Analysis with Boundary Elements, 2015, 58: 151-165.

第八章 结构导数

8.1 结构形与结构导数

本节重点讲述结构形与结构导数。

8.1.1 结构形

引入一维时间和空间的豪斯道夫时空距离,即

$$\begin{cases} \hat{t} = t^\alpha \\ \hat{x} = x^\beta \end{cases} \tag{8.1}$$

式中,α 为时间分形维;β 代表一维空间的分形维。很明显以上定义式(8.1)是非欧几里得距离,是基于分形不变形性和分形等价性的两个假设得到的[1]。因为目前文献中有不同的分形距离定义,为了以示区别,将式(8.1)定义的距离称为豪斯道夫距离。不失一般性,三维问题的豪斯道夫距离为

$$\begin{cases} \Delta t^\alpha = t^\alpha - t_0^\alpha \\ r^\beta = \sqrt{(x^\beta - x_j^\beta)^2 + (y^\beta - y_j^\beta)^2 + (z^\beta - z_j^\beta)^2} \end{cases} \tag{8.2}$$

式中,3β 是三维各向同性空间的分形维。当 $\beta=1$ 时,式(8.2)的豪斯道夫空间距离回归到经典的 3 维欧几里得距离。如果设定初始时间 $t_0=0$,一维问题源点坐标 $x_j=0$,豪斯道夫距离定义式(8.2)简化为定义式(8.1)。

用结构函数[2]替代式(8.1)和式(8.2)豪斯道夫分形距离定义中的幂函数,就得到刻画非幂律函数的一般分形(结构形)的结构距离[3],即

$$\begin{cases} \Delta G(t) = G(t) - G(t_0) \\ Q(r) = \sqrt{[Q(x) - Q(x_j)]^2 + [Q(y) - Q(y_j)]^2 + [Q(z) - Q(z_j)]^2} \end{cases} \tag{8.3}$$

式中,G 和 Q 分别为下述时间和空间结构导数中的结构函数。当结构函数为幂率函数时,式(8.3)退化为式(8.2)。可见,结构形是分形的推广,可以描述非幂率的结构距离。Balanmlin 等[4]的分形距离定义实际上也包括式(8.3)的定义。以下分别讨论不同结构函数应用局部时间结构导数和局部空间结构导数的定义。

8.1.2 时间结构导数

经典的导数建模方法刻画了特定物理量对时间或空间变量的变化率，较少直接考虑复杂系统介观时间-空间结构对其物理力学行为的重要影响。例如，岩土力学中多物理场耦合问题的建模需要数十个参数，且对应模型的求解也是一个复杂问题[5]。结构函数刻画了系统的时间-空间特征，实际上是一个时空变换，基于上述的结构导数能够描述复杂问题介观时空结构与特定物理量的因果关系，将经典的导数推广为因变量对结构函数的变化率，减少模型参数，降低计算成本。

给定函数 $u(t)$，以时间为变量，其局部结构导数的定义为

$$\frac{Su(t)}{SB(t)} = \lim_{t' \to t} \frac{u(t) - u(t')}{B(t) - B(t')} \tag{8.4}$$

式中，$B(t)$ 为结构函数。式（8.4）保留了经典导数刻画函数 $u(t)$ 局部性质的这一特征。

当 $B(t) = t$ 时，式（8.4）退化为经典导数[6]，即

$$\frac{Su(t)}{St^\alpha} = \lim_{t' \to t} \frac{u(t) - u(t')}{t - t'} \tag{8.5}$$

由式（8.5）可知，经典导数是局部结构导数的特例，对应的结构函数最简单，意义最重要。

当结构函数为分形幂函数时，即 $B(t) = t^\alpha$，式（8.4）为分形导数[1]，即

$$\frac{Su(t)}{St} = \lim_{t' \to t} \frac{u(t) - u(t')}{t^\alpha - t'^\alpha} \tag{8.6}$$

式中，$0 < \alpha \leq 1$ 为分形特征指数，$\alpha = 1$ 时退化为经典导数。式（8.5）和式（8.6）的结构函数为幂函数，是两种最简单的结构导数。

当结构函数为 M-L 函数的逆函数时，即 $B(t) = E_\alpha^{-1}(t)$，式（8.4）对应的表达式为

$$\frac{Su(t)}{SE_\alpha(t)} = \lim_{t' \to t} \frac{u(t) - u(t')}{E_\alpha^{-1}(t) - E_\alpha^{-1}(t')} \tag{8.7}$$

式中，$E_\alpha(t)$ 为单参数的 M-L 函数[7]；$E_\alpha^{-1}(t)$ 为单参数 M-L 函数的逆函数，$0 < \alpha \leq 1$ 为特征指数，$\alpha = 1$ 时 M-L 函数退化为指数函数，$\alpha = 1$ 时逆 M-L 函数退化为对数函数。图 8.1 给出了不同 α 的取值下 $E_\alpha^{-1}(t)$ 的特征曲线。

由式（8.4）可知，局部结构导数的结构函数决定了导数的性质和物理意义。结构函数反映了系统的尺度特征或介观时空结构，基于其上的局部结构导数描述

了因变量对自变量为结构函数的变化率，反映系统的特征，例如由材料特殊介观结构引起的特慢扩散。上述定义同样适用于以空间为变量的局部结构导数。总的来讲，结构函数作为自变量的时空变换，相应的局部结构导数描述的是因变量对自变量时空变换结构的变化率。

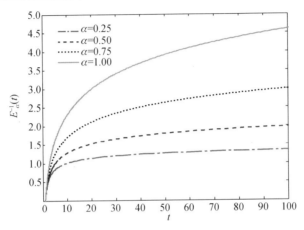

图 8.1　不同 α 的取值下，M-L 函数的逆函数 $E_\alpha^{-1}(t)$ 的特征曲线

8.1.3　空间结构导数

与上述结构时间导数类似，空间中的局部结构导数可以定义[8]为

$$\frac{Su}{Sf(x)} = \lim_{x' \to x} \frac{u(x,t) - u(x',t)}{f(x) - f(x')} \tag{8.8}$$

式中，S 表示结构导数；$f(x)$ 是结构函数。同理，非局部结构导数的空间定义可根据时间上非局部结构导数推导得到[8]，即

$$\frac{\delta u(x,t)}{\delta Sf(x)} = \frac{\partial}{\partial x} \int_{x_1}^{x} f(x-\tau) u(\tau,t) \mathrm{d}\tau \tag{8.9}$$

当 $f(x) = \dfrac{x^{-\alpha}}{\Gamma(1-\alpha)}$，上式演化为 Riemann-Liouville 分数阶导数的定义[9]。

当结构函数为 M-L 函数时，即 $f(x) = E_\alpha(x)$，式（8.8）对应的表达式为

$$\frac{Su(x)}{SE_\alpha(x)} = \lim_{x' \to x} \frac{u(x) - u(x')}{E_\alpha(x) - E_\alpha(x')} \tag{8.10}$$

图 8.2 给出了不同 α 的取值下 $E_\alpha(x)$ 的特征曲线。

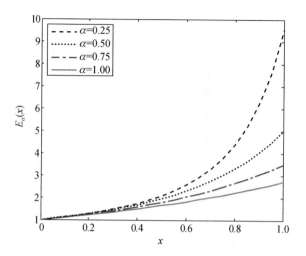

图 8.2　不同 α 的取值下 M-L 函数 $E_\alpha(t)$ 的特征曲线

8.2　结构导数建模

8.2.1　时间结构导数建模

（1）给定结构函数的情况

采用 $B(t)=\ln[\ln(1+t)^\alpha]$ 作为结构函数，推导该结构导数对应的特慢松弛方程的基本解。

$$\frac{Su(t)}{SB(t)}+u(t)=0 \tag{8.11}$$

其中上述双重对数型结构函数对应导数的表达式为

$$\frac{Su(t)}{SB(t)}=\lim_{t'\to t}\frac{u(t)-u(t')}{\ln\left[\dfrac{\ln(1+t)^\alpha}{\ln(1+t')^\alpha}\right]} \tag{8.12}$$

结合式（8.11）和经典导数的定义，将式（8.11）改写为

$$\frac{\mathrm{d}u(t)}{\mathrm{d}\ln[\ln(1+t)^\alpha]}=-u(t) \tag{8.13}$$

则式（8.13）的通解为

$$u=c_1\mathrm{e}^{-\ln[\ln(1+t)^\alpha]} \tag{8.14}$$

式中，c_1 为常数，由松弛方程的初值确定。

式（8.14）可简化为

$$u = c_1 \ln^{-1}(1+t)^\alpha \tag{8.15}$$

式（8.15）称为扩展对数分布，$0 < \alpha \leqslant 1$ 对应的松弛过程为特慢扩散[10]。式（8.15）可用于描述软物质中的特慢扩散过程。一般情况下，特慢扩散过程指的是 $u(t)$ 随着时间的变化，表现为对数衰减，对应的结构函数为双对数函数。而著名的慢扩散过程表现为分形指数衰减或幂律衰减，则对应的结构函数为幂函数或对数幂函数。经典扩散过程表现为指数衰减，对应的结构函数为线性函数。图 8.3 给出了不同结构导数扩散方程对应的慢扩散过程和特慢扩散过程，其中分形指数函数 $e^{-1(1+t)^{0.5}}$、$e^{(1+t)-1}$ 和 $e^{(1+t)-0.5}$ 描述的是慢扩散过程，$\ln^{-1}(1+t)$、$\ln^{-1}(1+t)^{0.5}$ 和 $\ln^{-1}(1+t)^{0.25}$ 描述的是特慢扩散过程。

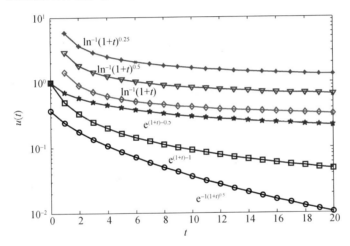

图 8.3 不同结构导数扩散方程对应的慢扩散过程和特慢扩散过程

（2）给定基本解的情况

根据局部结构导数的定义，建立以韦布尔分布概率密度函数为基本解的松弛方程。

韦布尔分布概率密度函数的表达式[11]为

$$u(t) = \frac{k}{\lambda}\left(\frac{t}{\lambda}\right)^{k-1} e^{-\left(\frac{t}{\lambda}\right)^k} \tag{8.16}$$

式中，λ 为比例参数；k 为形状参数。当 $k=1$ 时，式（8.16）表示指数分布；当 $k=2$ 时，式（8.16）表示瑞利分布。

式（8.16）可以看作连续时间随机行走中，粒子连续两次跳跃间等待时间的统计分布。下面推导了以式（8.16）为基本解的局部结构导数松弛方程。

$$\frac{Su(t)}{St} = u(t) \qquad (8.17)$$

式中，$u(t)$ 为韦布尔分布的概率密度函数，对应局部结构导数算子的定义为

$$\frac{Su(t)}{St} = \lim_{t' \to t} \frac{u(t) - u(t')}{(k-1)\ln\frac{t}{t'} + \left(-\frac{t}{\lambda}\right)^k - \left(-\frac{t'}{\lambda}\right)^k} \qquad (8.18)$$

结构函数 $B(t)$ 的推导过程如下。

结合经典导数的定义，将式（8.18）改写为

$$\frac{\mathrm{d}u(t)}{\mathrm{d}B(t)} = u(t) \qquad (8.19)$$

则式（8.19）的通解为

$$u = c_2 \mathrm{e}^{B(t)} \qquad (8.20)$$

式中，c_2 为常数，根据扩散方程的初值确定。式（8.20）两边作用对数函数，可得

$$B(t) = \ln(u) - \ln c \qquad (8.21)$$

结合式（8.16）、式（8.21）和式（8.4），即可得到式（8.18）。

可以试图将可靠性度量的韦布尔分布理解为裂纹数量和强度统计变量的一个扩散过程，从裂纹强调和数量扩散的角度为韦布尔分布提供一个数学物理定量描述和解释，同时为韦布尔分布描述一般的扩散问题提供了新的思路，即韦布尔分布可以从物理和统计两方面描述扩散问题。采用上述思路可以建立以任意统计分布的概率密度函数为基本解的结构导数扩散方程。

8.2.2 空间结构导数建模

反常扩散又称非菲克扩散，在多孔介质[12]、高分子材料[13]、生物医学工程[14]等领域得到了广泛关注。反常扩散是一种非马尔可夫非局域性运动，需要考虑时间和空间的相关性等特征，分数阶微积分算子因为具有时间记忆性、空间相关性等特点，成为解决多孔介质反常扩散问题的有力工具[15]，但其参数多、计算量大，且不能用于描述特慢扩散现象。结构导数建模被认为是描述各种复杂力学问题的一个非常有效的方法，有关理论和数值算法的研究是一个新的研究方向。将局部结构的定义引入到扩散方程中，能够建立空间结构导数特慢扩散模型，具体为

$$\frac{\mathrm{d}p}{\mathrm{d}t} = K \frac{\mathrm{d}}{\mathrm{d}_s x}\left(\frac{\mathrm{d}p}{\mathrm{d}_s x}\right) \qquad (8.22)$$

式中，K 为扩散系数；空间结构导数 $\mathrm{d}x = \mathrm{d}f(x)$。当结构函数 $f(x) = x$，上述扩散方程的解为高斯分布[16]为

$$p(x,t) = \frac{1}{\sqrt{4\pi Kt}} e^{-\frac{x^2}{4Kt}} \qquad (8.23)$$

当 $f(x) = x^\beta$，方程（8.22）的解为扩展高斯分布为

$$p(x,t) = \frac{1}{\sqrt{4\pi Kt}} e^{-\frac{x^{2\beta}}{4Kt}} \qquad (8.24)$$

现将结构函数设为 $f(x) = e^x$，对应的结构导数为

$$\frac{dp}{d_s x} = \lim_{x_1 \to x} \frac{p(x_1, t) - p(x, t)}{e^{x_1} - e^x} \qquad (8.25)$$

将该结构导数代入方程（8.22）中，推理可得其解为

$$p(x,t) = \frac{1}{\sqrt{4\pi Kt}} e^{-\frac{e^{2x}}{4Kt}} \qquad (8.26)$$

为进一步证明解的准确性，将上述解代入方程（8.22）中验证，可得到

$$\frac{d}{de^x}\left[\frac{dp(x,t)}{de^x}\right] = -p(x, t)\left(\frac{1}{2Kt} - \frac{e^{2x}}{4K^2 t^2}\right) = \frac{1}{K} \cdot \frac{d}{dt} \qquad (8.27)$$

综上所述，式（8.26）是式（8.22）的解，其结构函数是指数函数。式（8.26）是一类统计分布，根据其特征可定义为双指数分布，由此也可推导出空间结构导数扩散方程的结构函数与其解的关系为

$$p(x,t) = \frac{1}{\sqrt{4\pi Kt}} \cdot e^{-\frac{[f(x)]^2}{4Kt}} \qquad (8.28)$$

一般来说，空间结构导数是一种建模方法，可以用来模拟复杂流体特慢扩散现象。由空间局部结构导数中任意结构函数构成的相应结构导数扩散方程的解是统计分布，即概率密度函数。

根据式（8.26）的解，结构函数为指数函数的特慢扩散均方位移可表示为

$$\langle x^2(t) \rangle = \int_{-\infty}^{\infty} x^2 p(x,t) dx = \frac{1}{\sqrt{4Kt\pi}} \int_{-\infty}^{\infty} x^2 \cdot e^{-\frac{e^{2x}}{4Kt}} dx \qquad (8.29)$$

上式不能直接得到解析解，这里只计算下面的积分形式。

$$\langle x^2(t) \rangle = \int_0^{\infty} x^2 p(x,t) dx = \frac{1}{\sqrt{4Kt\pi}} \int_0^{\infty} x^2 \cdot e^{-\frac{e^{2x}}{4Kt}} dx \qquad (8.30)$$

图 8.4 显示正常扩散、对数特慢扩散和目前的指数结构函数特慢扩散的均方位移。从图 8.4 中可以看出，所结构函数为指数函数的特慢扩散模型的均方位移随时间的增长比对数扩散模型更慢。因此，以指数函数为结构函数的空间局部结

构导数扩散方程是描述特慢扩散的数学建模方法。

值得注意的是指数函数 $f(x)=\mathrm{e}^x$ 是 M-L 函数的特殊形式，即

$$E_\alpha(x)=\sum_{k=0}^{\infty}\frac{x^k}{\Gamma(\alpha k+1)} \tag{8.31}$$

当 $\alpha=1$ 时，M-L 函数为指数函数。

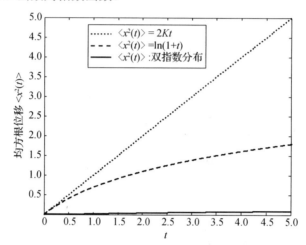

图 8.4　正常扩散、对数特慢扩散和指数函数特慢扩散的均方位移（$K=0.5$）

8.3　特慢扩散与蠕变

8.3.1　特慢扩散

特慢扩散是一类比慢扩散更慢的扩散过程[17-20]。特慢扩散过程中，扩散粒子的均方位移不再是慢扩散中时间的幂律函数，而是时间的对数函数，在一些情况下甚至比对数函数的增长更慢[21,22]。特慢扩散的均方位移为时间的对数函数时，可以表示为

$$\langle x^2\rangle \sim (\ln t)^\lambda \tag{8.32}$$

式中，$\lambda>0$，由特慢扩散的演化速率决定。当 $\lambda=4$ 时，式（8.32）为经典的 Sinai 特慢扩散率[17]。相应地，特慢扩散中溶质浓度随时间的演化呈对数衰减，也会出现比对数函数衰减更慢的情况。图 8.5 给出了粒子慢扩散和特慢扩散的均方位移曲线，其中逆 M-L 函数是对数函数的推广[23]，其衰减速率比对数函数更慢，但用于描述慢扩散的常规分数阶导数扩散模不能准确刻画特慢扩散的演化规律[24,25]。

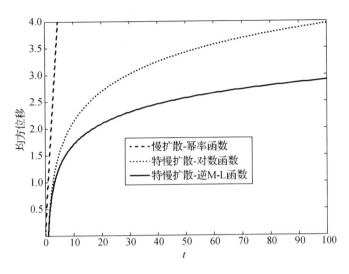

图 8.5 粒子慢扩散和特慢扩散的均方位移曲线

8.3.2 特慢蠕变

近年来,特慢动力学成为自然科学和工程中新的研究热点之一[26],因其涉及力学行为的长期影响而受到人们的广泛关注,然而其中关于特慢蠕变现象的研究却鲜有报道,这些现象在地震预测[27, 28]、软玻璃态系统[29]、聚合物变形[30]和土木工程[31]中都得到了观测证实。以上现象都表现出相同的蠕变特征,即其力学作用持续时间很长。

传统的蠕变本构模型主要基于基本力学元件的组合,不足以有效地表征持续时间很长的特慢蠕变现象。本节基于局部结构导数,建立了一个新的特慢蠕变模型[32, 33]。采用逆 M-L 函数作为结构函数[34],并结合超高性能混凝土(UHPC)的试验数据验证了此模型的有效性[35, 36]。

(1) 特慢蠕变模型

基于时间结构导数,特慢蠕变本构关系可以表述为

$$\sigma(t) = \eta \frac{\mathrm{d}\varepsilon(t)}{\mathrm{d}_s k(t)} \qquad (8.33)$$

式中,$\sigma(t)$、$\varepsilon(t)$、η 分别为应力、应变和动力黏度。根据式(8.33)和结构函数 $k(t) = E_\alpha^{-1}(t)$,应变率定义为

$$\frac{\mathrm{d}\varepsilon(t)}{\mathrm{d}_s k(t)} = \lim_{t_1 \to t} \frac{\varepsilon(t_1) - \varepsilon(t)}{E_\alpha^{-1}(t_1) - E_\alpha^{-1}(t)} \qquad (8.34)$$

式中,$E_\alpha^{-1}(t)$ 为单参数 α 的逆 M-L 函数[37],M-L 函数的定义是幂级数

$E_\alpha(t) = \sum_{k=0}^{\infty} \dfrac{t^k}{\Gamma(1+\alpha k)}$，其中，$\Gamma(\cdot)$ 表示函数；$E_\alpha^{-1}(t)$ 可以用 M-L 函数进行数值计算。当 $\alpha=1$ 时，逆 M-L 函数退化为经典对数函数。

根据蠕变的一般定义，加载应力是恒定的，即 $\sigma(t)=\sigma_0$，可以推导出局部的结构导数蠕变式为

$$\varepsilon(t) = \dfrac{\sigma_0}{\eta} \int_0^t \dot{E}_\alpha^{-1}(t) \mathrm{d}t = \dfrac{\sigma_0}{\eta} E_\alpha^{-1}(t) + C \tag{8.35}$$

式中，$\dot{E}_\alpha^{-1}(t)$ 表示逆 M-L 函数的导数，根据初始条件 $C=0$。为方便起见，令 $K = \dfrac{\sigma_0}{\eta}$。式（8.34）可以表示为

$$\varepsilon(t) = K E_\alpha^{-1}(t) \tag{8.36}$$

当 $t \to 0$，应变趋于无穷。不同材料的蠕变时间也不同，在不同的条件下，同一材料也有不同的蠕变时间。因此，本节提出了一个广义的结构函数 $k(t) = [E_\alpha^{-1}(1+t)]^\gamma$。最后，特慢蠕变模型可表示为

$$\varepsilon(t) = K[E_\alpha^{-1}(1+t)]^\gamma \tag{8.37}$$

式中，K 为一个常数，与材料参数和试验条件有关。尺度指数 γ 受外加应力值及其持续时间的影响。值得注意的是，K 在长期加载内对应变的大小影响较小。

（2）模型验证

为了验证超声蠕变模型的可行性，本节选取超高性能混凝土（UHPC）的蠕变数据，以验证特慢蠕变模型的有效性，结果如图 8.6 和图 8.7 所示[35, 36]。从这两幅图中可以看出，特慢蠕变模拟数据与试验数据吻合较好。局部结构导数蠕变模型的估计参数如表 8.1 所示。从表 8.1 中发现 α 随着蠕变持续时间的增大而增大。同时，与长时间相比，短时间的对应指数 γ 的值下降了 43%，这表明 UHPC 内部颗粒的滑动和脱位在短时间内对其持续时间较敏感。

开尔文模型作为一种经典的蠕变模型，由于其形式简单、参数较少，被广泛用于描述混凝土的蠕变行为[38]。在图 8.6 和图 8.7 中，给出了开尔文模型和特慢蠕变模型在短期和长期加载作用下的对比结果。总体来讲，拟合结果可分为三个阶段：在初始阶段，特慢蠕变模型的蠕变率比开尔文模型大；在过渡阶段，开尔文模型的增长速度远远高于特慢蠕变模型。这两种模型在初始和过渡阶段均表现出良好的拟合结果。而在最后阶段，开尔文模型估计的曲线趋于一条直线，其结果相比于试验数据精度较低。相比之下，特慢蠕变模型在长期尺度上显示了其特慢增长的特征。因此，特慢蠕变模型可以被认为是描述长期蠕变的较好的方法之一。

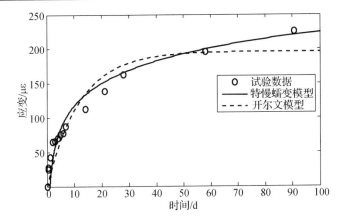

图 8.6 UHPC 试验数据与模型的比较（90d）

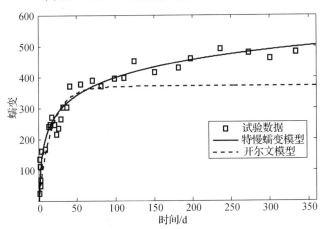

图 8.7 UHPC 试验数据与模型的比较（340d）

表 8.1 局部结构导数蠕变模型的估计参数

参数	α	γ
短时长	0.940	0.0145
长时长	0.948	0.0083

从理论上讲，结构导数是一种隐式微积分建模方法，这表明该控制方程的显式微积分表达式很难推导[39]。因此，在结构导数中嵌入面向数据的结构函数，并进行精确描述和数值模拟不失为一种可行的建模方法之一。作为一种典型的流变行为，松弛过程也引起了广泛的关注。如何将结构导数运用到特慢松弛过程将是下一步工作的研究重点之一。

值得注意的是，本节研究主要是关于特慢蠕变的定性表征，论证了基于逆 ML 函数的局部结构导数的可行性。虽然本方法得到了 UHPC 的蠕变数据的验证，但其模型参数和材料参数（如孔隙率、水灰比等）的关系仍然未知。在随后的研究中，这些定量关系需要更多的试验数据进行统计分析和论证。此外，结构导数可以基于不同的结构函数来研究更复杂的流变现象。

参 考 文 献

[1] CHEN W. Time-space fabric underlying anomalous diffusion[J]. Chaos, Solitons and Fractals, 2006, 28(4): 923-929.

[2] CHEN W, LIANG Y J. Structural derivative based on inverse Mittag-Leffler function for modeling ultraslow diffusion[J]. Fractional Calculus and Applied Analysis, 2016, 19(5): 1250-1261.

[3] CHEN W. Non-power-function metric: A generalized fractal. Mathematical Physics, 2017, vixra:1612.0409.

[4] BALAMLIN A S, BORY-REYES J, SHARPIRO M. Towards a physics on fractals: Differential vector calculus in three-dimensional continuum with fractal metric[J]. Physica A, 2016, 444: 345-359.

[5] 周创兵, 陈益峰, 姜清辉, 卢文波. 论岩体多场广义耦合及其工程应用[J]. 岩石力学与工程学报, 2008, 27（7）: 1329-1340.

[6] ZHENG W, SU W, JIANG H. A note to the concept of derivatives on local fields[J]. Approximation Theory and its Applications, 1990, 6(3): 48-58.

[7] LONGMIRE M L, WATANABE M, et al. Voltammetric measurement of ultraslow diffusion rates in polymeric media with microdisk electrodes[J]. Analytical Chemistry, 1990, 62: 747-752.

[8] CHEN W, HEI X D, LIANG Y J. A fractional structural derivative model for ultra-slow diffusion[J]. Applied Mathematics and Mechanics, 2016, 37:599-608.

[9] PODLUBNY I. Fractional Differential Equations[M]. Academic Press, 1999.

[10] KILBAS A A A, SRIVASTAVA H M, TRUJILLO J J. Theory and applications of fractional differential equations[M]. Elsevier, Amsterdam, 2006.

[11] KWON K, FRANGOPOL D M. Bridge fatigue reliability assessment using probability density functions of equivalent stress range based on field monitoring data[J]. International Journal of Fatigue, 2010, 32(8): 1221-1232.

[12] YONG Z, BENSON D A, MEERSCHAERT M M, SCHEFFLER H P. On using random walks to solve the space-fractional advection-dispersion equations[J]. Journal of Statistical Physics, 2006, 123(1): 89-110.

[13] MAINARDI F. Fractional calculus and waves in linear viscoelasticity[M]. Imperial College Press, World Scientific, 2010.

[14] KÖPF M, CORINTH C, HAFERKAMP O, et al. Anomalous diffusion of water in biological tissues[J]. Biophysical Journal, 1996, 70(6): 2950-2958.

[15] WEST B J, GRIGOLINI P, METZLER R, et al. Fractional diffusion and Lévy stable processes[J]. Physical Review E Statistical Physics Plasmas Fluids and Related Interdisciplinary Topics, 1997, 55(1): 248-252.

[16] BAZI Y, BRUZZONE L, MELGANI F. Image thresholding based on the EM algorithm and the generalized gaussian distribution[J]. Pattern Recognition, 2007, 40(2): 619-634.

[17] STANLEY H E, HAVLIN S. Generalisation of the Sinai anomalous diffusion law[J]. Journal of Physics A-General Physics, 1987, 20: 615-618.

[18] CHECHKIN A V, KLAFTER J, SOKOLOV I M. Fractional Fokker-Planck equation for ultralow kinetics[J]. Europhysics Letters, 2003, 63(3): 326-332.

[19] GODEC A, CHECHKIN A V, et al. Localization and universal fluctuations in ultralow diffusion processes[J]. Physics, 2014, 47(49): 492002.

[20] DA S M, VISWANATHAN G M, CRESSONI J C. Ultralow diffusion in an exactly solvable non-Markovian random

walk[J]. Physical Review E, 2014, 89(5): 052110.

[21] BOETTCHER S, SIBANI P. Ageing in dense colloids as diffusion in the logarithm of time[J]. Journal of Physics Condensed Matter, 2011, 23(6): 540-545.

[22] ARIAS S D T, WAINTAL X, PICHARD J L. Two interacting particles in a disordered chain III: Dynamical aspects of the interplay disorder-interaction[J]. The European Physical Journal B, 1999, 10(1): 149-158.

[23] HILFER R, SEYBOLD H J. Computation of the generalized Mittag-Leffler function and its inverse in the complex plane[J]. Integral Transforms and Special Functions, 2006, 17(9): 637-652.

[24] 常福宣, 吴吉春, 薛禹群, 戴水汉. 多孔介质溶质运移问题中的分数弥散[J]. 水动力学研究与进展, 2005, 20（1）: 50-55.

[25] 熊云武, 黄冠华, 黄权中. 非均质土柱中溶质迁移的连续时间随机游走模拟[J]. 水科学进展, 2006, 17（6）: 797-802.

[26] RAMOS L, CIPELLETTI L. Ultralow dynamics and stress relaxation in the aging of a soft glassy system[J]. Physical Review Letters, 2001, 87(24):245503.

[27] FURUYA M, SATYABALA S P. Slow earthquake in Afghanistan detected by InSAR[J]. Geophysical Research Letters, 2008, 35(6):160-162.

[28] HEKI K, MIYAZAKI S, TSUJI H. Silent fault slip following an interplate thrust earthquake at the Japan Trench[J]. Nature, 1997, 386(6625):595-598.

[29] MARTINEZGARCIA J C, RZOSKA S J, DROZDRZOSKA A, et al. A universal description of ultralow glass dynamics[J]. Nature Communications, 2013, 4:1823.

[30] MANDARE P, WINTER H H. Ultralow dynamics in asymmetric block copolymers with nanospherical domains [J]. Colloid and Polymer Science, 2006, 284(11):1203-1210.

[31] GARAS V Y, KURTIS K E, KAHN L F. Creep of UHPC in tension and compression: Effect of thermal treatment[J]. Cement & Concrete Composites, 2012, 34(4):493-502.

[32] CHEN W, LIANG Y, HEI X. Structural derivative based on inverse Mittag-Leffler function for modeling ultraslow diffusion[J]. Fractional Calculus and Applied Analysis, 2016, 19(5):1250-1261.

[33] CHEN W, LIANG Y. New methodologies in fractional and fractal derivatives modeling[J]. Chaos Solitons and Fractals, 2017, 102: 72-77.

[34] HILFER R, SEYBOLD H J. Computation of the generalized Mittag-Leffler function and its inverse in the complex plane[J]. Integral Transforms and Special Functions, 2006, 17(9):637-652.

[35] YANNI G. Multi-scale investigation of tensile creep of ultra-high performance concrete for bridge applications[D]. Atlanta:Georgia Institure Technology, 2009.

[36] GRAYBEAL B. Material Property Characterization of Ultra-High Performance Concrete[J]. Creep, 2006:887-894.

[37] HAUBOLD H J, MATHAI A M, SAXENA R K. Mittag-Leffler functions and their applications[J]. Journal of Applied Mathematics, 2011, 2011(1110-757X):36-47.

[38] SCHUTTER G D. Degree of hydration based Kelvin model for the basic creep of early age concrete[J]. Materials & Structures, 1999, 32(4):260-265.

[39] CHEN W, PANG G. A new definition of fractional Laplacian with application to modeling three-dimensional nonlocal heat conduction[J]. Journal of Computational Physics, 2016, 309:350-367.